主办单位：宝佳集团中国建筑传媒中心·天津大学建筑规划设计研究院·北京大学城市规划与发展研究所

建筑评论
Architectural Reviews

第二辑

名誉总编 马国馨
名誉主编 洪再生
高　志
主　编 金　磊
执行主编 李　沉

U0218524

天津大学出版社
TIANJIN UNIVERSITY PRESS

学术指导（按拼音首字母排序）： 薄宏涛　崔　愷　崔　彤　蔡云楠　戴　俭　方　海　傅绍辉
桂学文　郭卫兵　韩冬青　韩林飞　和红星　杭　间　胡　越
贾　东　贾　伟　李秉奇　路　红　刘　军　刘克成　刘临安
刘　谞　刘晓钟　梅洪元　孟建民　马震聪　倪　阳　钱　方
屈培青　邵韦平　孙宗列　王　辉　伍　江　王　军　王建国
汪孝安　徐　锋　薛　明　许　平　徐行川　杨　瑛　叶　青
周　恺　张　雷　张伶伶　张　颀　庄惟敏　朱文一　张　宇
赵元超

执行编辑： 李　沉　苗　淼　冯　娴　丘小雪　郭　颖　刘晓姗　陈　鹤（图片）　刘　阳（网络）

图书在版编目（CIP）数据

建筑评论.第2辑／金磊主编 .—天津：天津大学出版社，2013.1
ISBN 978-7-5618-4583-7

Ⅰ.①建 ... Ⅱ.①金 ... Ⅲ.①建筑艺术 — 艺术评论 — 世界 Ⅳ.① TU-861

中国版本图书馆 CIP 数据核字（2013）第 005806 号

策划编辑 金　磊　　韩振平
责任编辑 韩振平　　杨荣刚
装帧设计 安　毅

出版发行 天津大学出版社
出 版 人 杨欢
地　　址 天津市卫津路 92 号天津大学内（邮编：300072）
电　　话 发行部：022-27403647
网　　址 publish.tju.edu.cn
印　　刷 北京华联印刷有限公司
经　　销 全国各地新华书店
开　　本 149 mm ×229 mm
印　　张 16
字　　数 170 千
版　　次 2013 年 1 月第 1 版
印　　次 2013 年 1 月第 1 次
定　　价 16.00 元

目 录

目 录

Contents

"建筑方针 60 年的当代意义"研讨会

编者按: 2012 年恰逢中国建筑设计"适用、经济、在可能条件下注意美观"的方针首次提出 60 周年。这一方针指导了我国 60 年来建筑设计的进程。随着我国社会经济快速发展,面对改革开放后全国出现的前所未有的建设高潮,面对世界建筑思潮的大量涌入,在新形势下,对建筑方针如何继承、发展和创新,已成为业内外常议常新的话题。针对这个题目,中国建筑文化中心、中国建筑学会和《中国建筑文化遗产》杂志社于 2012 年 9 月 28 日在中国建筑文化中心联合举办"建筑方针 60 年的当代意义"研讨会。以下摘录与会专家的发言。以发言前后为序。

金磊(主持人): "适用、经济、在可能条件下注意美观"的建筑方针,最早是 60 年前的 1952 年 7 月在全国第一次建筑工程会议上提出的,虽然在今天高速城市化、国际化大发展的背景下,业内外都会有相当多的人认为它或许已过时,要推陈出新了,但 60 年历史上无数次研讨与实践至今仍没有给出可取而代之的"新词"。因此,在策划本次研讨会时,我们与中国建筑文化中心形成的共识是:

只要是经典,就会永恒照耀。优秀的建筑思想是一种标尺与财富,60 年前的国家建筑方针的提出虽有中国百废待兴的背景,但时至今日,大发展的中国建筑仍离不开这个理性为先、有较宽适用面的方针,只是需根据场合赋予其不同的含义罢了。我们今天不是倡导"做古",而是希望业界如何理性认知,如何科学而艺术地、无拘无束地展开设计实践。这是一个常议常新的话题,这更是一个容易联系当下、服务当下的话题。

对于 60 年前提出的国家建筑方针,从建筑事件及文献看,它已属建筑遗产;我们并非因为是遗产就单纯纪念它,而是因为通过重思"建筑方针"可感受到一系列值得深思的问题。其当代意义至少可从文化价值、遗产价值、社会责任与历史使命、经济性与市场诸方面来探讨。

要看到由于城市化与国际化的到来,由于中国建筑"走出去"与国外建筑师

叶如棠　　　周干峙　　　单霁翔　　　张钦楠　　　赵知敬

贾麟　　　徐宗威　　　高志　　　布正伟　　　刘燕辉

张宇　　　刘临安　　　胡越　　　李德全　　　贾东

杨欢　　　韩振平　　　段喜臣　　　金磊　　　李沉

的大量涌入，当代中国建筑作品及设计理念已发生了深刻变化。伴随着这些新变化，"建筑方针"也经受着考验，今日的研讨重点不在于如何展示历史，而在于回答现在及未来的建筑方针该如何指导设计。为此想到如下命题，它们确与建筑方针密切相关。

（1）从国家、城市、空间的极权建筑看"建筑方针"；

（2）从民生项目、从"平民家园"、从建筑的公共性看"建筑方针"；

（3）从中西方建筑文化碰撞的文脉形式看"建筑方针"；

（4）从回归建筑之美与"设计选秀"看"建筑方针"；

（5）从城市"造景"的地标建筑看"建筑方针"；

（6）从中国新一轮"摩天大楼"竞赛看"建筑方针"；

（7）从建筑形式主义比形式更可怕看"建筑方针"；

（8）从建设节约友好型社会的低碳设计看"建筑方针"；

（9）从城市经典离不开建筑文化土壤看"建筑方针"。

话题或许还可以列出许多，但这基本上是我们召开这个会的缘由。

（《中国建筑文化遗产》总编辑）

段喜臣（主持人）：2012年恰逢中国建筑设计"适用、经济、在可能的条件下注意美观"的方针提出60周年，这一方针指导了我国60年建筑设计的进程，但随着我国设计经济快速发展，建筑设计的形式和内容都在发生变化，城市建筑热衷于拼高度、拼造型，各种外表奇特的建筑一次次引发了公众对城市建筑风格的讨论。苏州的"秋裤楼"、杭州的"比基尼"、抚顺的"大铁环"都成为最近舆论和社会的热点。解读这些建筑文化现象，回答新世纪建筑设计方针的指导问题是中国建筑设计的好声音、权威声音。主办单位今天召开这个会议，就是想聚合当今建筑设计方面的相关权威人士，共同探讨建筑方针60年的当代意义。在全社会努力实现以人为本，全面协调可持续发展的今天，在加快转变经济增长方式，建设和谐社会的时代背景下，进行这样的探讨无疑具有现实意义。相信这样的活动，对建筑设计领域树立正确的价值观也会有积极的作用。为响应党中央提出的以高度文化自觉、自信推进社会主义文化大发展、大繁荣的要求，中国建筑文化中心还将联合相关单位举办一系列这样的活动，并且计划和相关单位共同开展建筑文化遗产保护和利用等方面的研究和交流工作。我们十分感谢大家长期以来对中国建筑文化中心工作的支持，并且期待今后能继续得到大家的关爱和支持。

（中国建筑文化中心副主任）

叶如棠："适用、经济、在可能条件下注意美观"是我们国家的建筑方针，这个提法的提出到今年已经整整60年时间了。因此，召开这个具有历史意义的座谈会十分有必要。我的发言有三个方面。

一、国家建筑方针并未过时

作为国家建设工作或是建筑创作的基本方针，"适用、经济、在可能条件下注意美观"的提法在国家几十年的建设工作中发挥了重大的积极作用。1949年以前，从事建筑设计的中国建筑师本来就不多，新中国的成立给了广大建筑师们大展身手、报效祖国的机会。那时的中国刚刚从长期的战争中走出没多久，许多行业百废待兴，经济建设还处于恢复起步阶段。还记得1959年我考入清华大学的时候，梁思成先生时任建筑系主任，他给我们做报告，讲到国家每年用于基本建设的投资时，他用手比画着说："搞基本建设，每年国家要投入多少资金，这么多的钱都从我们手中流出去，我们一定要用好这笔钱。"

众所周知，新中国成立后政治运动一个连着一个，"三反五反"、公私合营、"反右"、"大跃进"……在当时的情况下，国家能够投入非常大的资金从事基本建设，我们都感觉到自己肩上的担子有多重。刚上学时还没有听说过这个方针，到后来体味它倍感精辟，充满哲理；既讲了目的，又讲了手段；既是建筑工作的基本方针，又是建筑创作的指导思想。建设工作的灵魂是建筑设计，建筑设计也是最重要的，因此也可以说，这个方针也是建筑创作的方针。

我到建设部没多久，就在笔记本上断断续续地写了我对建筑创作的一些思考，当时被我称为"随想录"；这里主要记录了我对建筑创作的思考，其中的一个章节就谈了对建筑方针的理解和认识。我认为，"在可能条件下注意"这几个修饰词语可以不用。在《建筑创作》杂志创刊号上我写了一段话，谈了这个问题。其中也讲了我的观点以及对建筑美学的看法。每个建筑自建成的那天起，就有一个美学的问题，一个形象问题，也就是好看不好看的问题。我记得当时去国外考察，特别注意到国外在这方面做得很好，一些建筑小品，包括路边的座椅、小摆件甚至是垃圾桶做得都很精致，很美观。可以说，任何眼睛所触及的物体都有一个美不美的问题，就连路边的电线杆都存在同样的问题。

二、建筑方针的落实是多学科的事

我举一个例子：消火栓是公安部管，只能由公安部最后验收，其他部门验收的都不行。大家也都看到了，无论建筑装修得多好，消火栓永远都是那个土样子。消火栓的重要性及其作用都决定了它要放置在醒目的位置，不醒目不行。但消火栓现在这个样子实在是不好看，哪怕这个东西的颜色、样式与周围环境能够相互协调一些也好。

不只是建筑师，其他专业在作设计时，都有一个在满足使用功能的同时要考虑美的问题；不只是建筑专业，结构专业、设备专业、电气专业都存在这个问题；不只是有钱的房子，经济适用房、保障房，甚至廉租屋都要考虑这个问题。

建筑与电影同样被人们统称为艺术的表现，但电影不好我可以不看，建筑则不行，每天都要与它接触，不看都不行，拆掉也不行。所以建筑要尽量减少遗憾。

在很长一段时间内我都认为，"适用、经济、美观"这六个字就足够了，直到现在，我还是认为这六个字就足够了。因为这已将建筑的本质表述得非常清楚了；只要是建筑，都要考虑它的基本功能是供人使用，都要考虑与周围环境相协调，都要考虑其自身的美观，都要考虑尽量减少给别人的审美带来遗憾。

改革开放 30 多年来，特别是近些年来，城市建设取得了突飞猛进的发展，城市建筑日新月异，建筑的档次越来越高，规模越来越大，许多地方大搞新城建设，关乎城市形象的问题，再加上城市领导者们要追求的"政绩"，加上书记、市长的大力支持，城市建设互相攀比；而随着城市建设投资主体多元化的出现，投资者不只是用建筑赚钱，其建筑本身的形象也为投资者做了无形的宣传，如同立了一个广告标牌，所以投资者对建筑形象的要求也越来越多，追求建筑的形象；不只是市长在追求，企业老总也在追求；再加上城市规划中都存在着城市形象如何塑造的问题，以致出现过度追求形象工程的现象。客观上讲，现在我们是有点钱了，但更主要的是现在心态的变化，追求地标性工程，搞形象工程、标志性建设，彰显政绩、树立形象等等一浪高过一浪。这里就有个"度"的把握问题。

现在的问题是，一届新的政府上台后，不是满足于前任政府建设的东西，一定要找新的地段，在新的地方，以新的由头，投资建设属于其任期内的新的形象工程。但实际上许多建成的建筑还在那空着呢，但是也要建。这是一个相当严重的问题，已经有走向反面的意思了。以前是"在可能条件下注意美观"，现在是不惜工本的铺张浪费，不少建设只是照抄别人的东西，因为这些甲方提出的要求就是要与众不同，甚至以怪为美。

实际上中国需要办的事情还是很多的，需要钱的地方还是很多的，各级政府应该是更多地办实事。而在办实事的过程中，只要是注意美学的问题，就可以减少留下的遗憾。历史上留下的许多经典也都不是身价过亿的建筑。

三、如何历史地、现实地看待建筑方针的当代价值

以前的建设全是国家投资，而国家那个时候确实是不富有，坚持贯彻建筑方

针是很必要的。如果要将其颠倒过来，也会出现偏差。适用还是最根本的，经济还是要讲究的，要考虑用一定数量的钱，完成能够满足需要的建设。这就是本质。要恰当地掌握这个"度"的关系，达到三者的和谐统一。

现在有一种不好的倾向，过度地追求建筑美学，满足开发商的需要，求新求异，既不经济，也不适用，更谈不上美观，而这些与周边环境、与中国的传统文化格格不入。国外的东西是否适合中国的水土，要经过使用才知道，完全移植过来的东西多多少少会带来负面的影响。现在有些建筑说不上是创作，表现形式只是堆砌，而且是经济上的浪费，比如新建的 CCTV 大楼等建筑就是这样。

相对比的是贝聿铭先生的香港中国银行大楼，大方的造型，简洁的结构，每平方米的用钢量非常少，建设投资还非常节省。当时我们去参观时，重点介绍的不是建筑，而是结构。香港的用地十分紧张，可以说是寸土寸金，而中国银行的用地面积不是很多，建筑造型极其富有个性。贝聿铭先生不仅是建筑大师，也是优秀的结构大师。

建筑应该少留遗憾，因为建筑留给人们的遗憾是躲都躲不开的，人们天天会看到，天天会骂你。建筑师不能凭借一时的冲动去搞创作，这是不行的，是经不起历史的考验的。建筑师从事建筑创作不要太感性，要理性对待建筑创作。要体现自己的创作思想，体现自己的创作特色，千万不要心血来潮。建筑师的艺术创作同时要有社会责任，要本着对人民负责、对社会负责、对历史负责的态度去从事建筑创作。

适用、经济、美观，三者的顺序很重要，就应该是这样的，纪念性建筑除外，其更多强调的是美观。不同的建筑有不同的表现，比如纪念性建筑因其具有的专有属性，建筑表现在满足使用功能的同时，可以有一些特殊的表现，如纪念碑。

使用功能还应该是排在第一位的；坚固是最基本的要求，是建筑师要遵守的基本作为；适用包含着坚固，否则就不能称为建筑。

进入 21 世纪，中国的社会经济和人民生活水平有了很大的发展提高，但总体上还未脱贫，仍然是世界上最大的发展中国家，要达到普遍富裕，仍然任重而道远，需要我们继续坚持勤俭建国的基本国策。在这种情况下，"适用、经济、在可能条件下注意美观"的建筑方针仍有它强大的生命力，但其内涵也应得到更深层意义上的发展。

（原城乡建设环境保护部 部长）

周干峙：当年我在清华大学读书时，梁先生在讲课中多次提到"适用、经济、美观"这六个字。我认为，现在中国的建筑设计一是过于千篇一律，二是牺牲了功能让位于形式。这已经不是某个行业的事了，需要国家予以高度关注。要检讨我们在建筑创作方面上的失误。近年来，在欧美国家访问，我总的感觉是这六个字在国外贯彻得很好，人家的建筑设计与城市文化是平稳发展的，我们该引以为鉴。

现在谈这个问题很及时，我很赞成。现在我国国民经济和政治都是良好的，为什么恰恰这个时候建筑和城市会出现那样多的问题，这些问题的损失又十分大。现在任何一个城市基本建设都是几十亿元甚至几百亿元，这些投资里浪费有多大？这是个大问题。由于工作我常常在外面能看到这些"乱象"，看了就伤心。因此我觉得现在提出这些问题很重要。有一个很奇怪的现象，我到欧洲考察，欧洲完全贯彻了我们的建筑基本原则和方针，既不盖高楼大厦也不盖超前的建筑。而中国的住宅现在有的都达到四五十层了。中国建筑越盖越高，大家都在模仿。我们是盲目，不是真正的模仿。我到美国，看到美国没有在盖高层，而我们却拼命往这个方向走。这么多年全球的建筑都没有像我们这样发疯的，为什么？是土地经济的推动。我们要检讨，这需要社会各方面有共同的认识。现在的建筑方针已经远远超出了对建筑的影响。不仅涉及房子的价格问题，也涉及文化问题，文化是长期社会影响和方向。其次，历史责任不能回避，一定要把这个问题推向社会，要引起国家和社会的重视。它不是行业的问题，究竟盖什么样的房子，什么标准大家来说。我希望在我有生之年能看到这个问题的解决有好的局面。

前几天我和单霁翔同志在武当山开会，武当山的规划设计非常精彩，过去杨廷宝先生就对这里有过评价，现在新添的建筑做得也不错，它被越来越多的人知道。对这样的城市规划我们要做宣传。我建议中国要建立自己的评价制度，我们优秀的建筑为什么不评价，为什么要让外国来评奖？刚才提到了苏州"东方之门"，这类工程现在一般的做法开始时期都是保密的，我是苏州人，却是从网上知道的；从航拍照片我看得清楚，怎么出现了一个高楼呢？我马上跟苏州同行接触，慢慢地知道了一点。一年前，我们就研究了这个问题。"东方之门"离城 20 多公里，建筑高度显然是不合适的，而且我发现他们做的是巴黎的凯旋门而不是苏州的城门。有一次我到苏州去，我向苏州市的领导提意见，我问他为什么这个门不和苏州城门建成统一风格，提问题后我才知道这是荷兰人设计的。我们自己的文化名城，我们有自己的历史、自己的特点，而办这个事情的人不懂，拿到外国，外国人也不懂。所以，我觉得文化问题是共识问题，对文化认识有差异不是坏事，我们要吸收外来文化，但吸收外来文化过程中会有矛盾，我相信历史要过去的。让大家把意见都讲出来，不要有点创造性却埋没了，这样才是健康的社会。我觉得像今天这样的活动我很赞成，要多活动，要有我们的声音。

（原建设部 副部长）

单霁翔：今年是"适用、经济、在可能条件下注意美观"的中国建筑方针首次提出 60 周年，这一方针指导了我国新中国成立以来的建筑发展方向，在我国博物馆建设领域也发挥了重要的作用。

当前我国正处于博物馆发展的重要机遇期。我国博物馆事业面临从"数量增长"走向"质量提升"，从"馆舍天地"走向"大千世界"的历史性转折，为此，讨论"适用、经济、在可能条件下注意美观"的当代意义，回顾 60 年来我国博物馆建设历程，关注博物馆建设中存在的突出问题，探索新时期博物馆建设的理论和方法，提高我国博物馆建设水平，具有重要的现实意义。

新中国成立后，随着安徽省博物馆、北京自然博物馆、中国人民革命军事博物馆、内蒙古自治区博物馆、中国革命博物馆和中国历史博物馆、中国美术馆等博物馆的建成，在学习国外思想、继承中国传统文化等方面，中国博物馆的发展建设取得了非常大的成绩。

改革开放以来，博物馆建筑在吸收国外现代博物馆建设经验的同时，开始走上探索中国现代化博物馆建筑的道路。特别是 20 世纪 80 年代以后，博物馆面貌有了显著改观，新建、改建、扩建的博物馆层出不穷。伴随博物馆数量的快速增长，建筑风格呈现多元化的发展趋势。并且博物馆建筑的功能要求逐渐受到更多的关注，出现了一些既受到建筑界推崇，又得到博物馆界首肯的博物馆建筑。

新的世纪，我国迎来了博物馆建设新的高潮，全国各地、各行业相继新建、扩建和改建博物馆。每年都有一批博物馆开始筹建、一批博物馆正在建设、一批博物馆建成开放，几乎所有的省级博物馆都经历了或者正在经历新建、扩建和升级改造。另一方面，地市级和一些县级博物馆建设也进入了快速发展时期，纷纷被各级政府列入重点文化建设项目，得到从政策到资金方面的有力支持，带动全国博物馆建设呈现"方兴未艾"的态势。

目前，每年都有上百座新建或经过改扩建的博物馆相继开工，相继竣工，相继开馆，这是令人鼓舞的博物馆事业发展形势。大规模博物馆的集中建设，有效改善了博物馆的基础设施和文化面貌。但是，兴奋之余，还应冷静观察和理性思考，在博物馆建设中也存在诸多令人忧虑的问题，归纳起来涉及 10个方面的问题，或者说应该避免出现的情况。这些问题的存在，严重影响了博物馆社会作用的有效发挥。

①重数量发展，轻质量提升；②重领导意志，轻科学论证；③重施工营造，轻使用要求；④重重点项目，轻基层改善；⑤重建设速度，轻功能保障；⑥重馆舍规模，轻长远发展；⑦重新奇造型，轻地方特色；⑧重建筑工程，轻陈列展览；⑨重硬件投入，轻管理支撑；⑩重表面文章，轻人文精神。

日前，国家有关部门联合发布的《关于加强大型公共建筑工程建设管理的若干意见》指出："当前一些大型公共建筑工程，特别是政府投资为主的工程建设中还存在着一些亟待解决的问题，主要是一些地方不顾国情和财力，热衷于搞不切实际的'政绩工程'、'形象工程'；不注重节约资源能源，占用土地过多；一些建筑片面追求外形，忽视使用功能、内在品质与经济合理等内涵要求，忽视城市地方特色和历史文化，忽视与自然环境的协调，甚至存在安全隐患。"随着我国综合国力的持续增强和民众精神文化生活需求的日益增长，今后数十年，仍将是博物馆事业发展的黄金时期，也必然是博物馆建设的高峰时期。为了使每一座博物馆的建设质量得到保证，对于当前博物馆建设中出现的诸多问题必须给予关注，使博物馆建筑回归城市理想、回归历史责任、回归永恒价值、回归文化特征、回归科学精神、回归社会期待、回归生态环境、回归服务职能，使博物馆建筑满足社会职能的发挥，真正服务和造福于社会民众。

当今世界上的博物馆，不但主题内容无所不包，而且建筑形式也千差万别，留有许多时代的特殊词汇，构成历史信息的文化符号。在今后较长一段时间内，我国博物馆建设仍将呈现持续快速增长的形势。博物馆数量的增加，有利于使更多的珍贵文物得到保护，有利于使更多的民众享受到博物馆文化权益。我国的"博物馆热"不应仅仅是"博物馆建设热"。在广大民众文化需求日益增长、对传统文化价值日益认同的今天，博物馆建筑文化不应被边缘化。相信在不远的将来，在相关学科的共同的努力下，在各个城市和地区，会不断创造出新的博物馆建筑文化。

（故宫博物院院长）

刘燕辉：建筑方针已经提出 60 年了，我毕业了 30 年，这 30 年都是在设计创作中度过的。我认为这个建筑方针不过时，对于今天仍有意义。建筑学会最早提出建筑方针讨论问题也特别有意义，但我想能不能对 60 年前的建筑方针有新的含义的深化理解。当前，建筑设计当中对建筑方针背离和遵循的地方都有。我和崔总（崔愷）在院里经常讨论，作为大型建筑设计院，我们在执行建筑方针中有一定的责任，包括社会责任。所以它并不是个体设计师发挥自己的艺术特点的这种张扬。其中，在我们院的设计中，我们也发现社会上流行投标看表现图，这种现象非常严重。我想，我们一是把中国建筑设计院带到中国建筑"画院"好，还是带入建筑"设计院"好？所以一定要有技术含量，不能把我们变成了"画院"，否则意义就不大了。在今天讨论这个方针就显得更有意义。我本人在建筑设计中做的大都是居住建筑，我也得益于小康住宅的研究。但现在设计多年，我发现我是从不会设计到搞了一些研究，到会设计；到了近几年就变成了更不会设计，为什么会出现这种现象？因为现在的住宅就是被经济大潮冲散了，开始追名牌，更多的住宅像"股票"。住宅到底是够还是不够？我们到底是建多了，还是建少了？我现在很少再做住宅，感觉自己已经不会了。今天对建筑方针的深入讨论可能会更有启发，我想这种会应该多开，让大家多发表意见。

（中国建筑设计研究院建筑设计总院党委书记、副院长、总建筑师）

徐宗威：今天的研讨会是中国建筑文化中心、中国建筑学会、《中国建筑文化遗产》杂志社三家共同召开的，我代表中国建筑学会再次向到会的领导、专家表示衷心的感谢。我觉得讨论中国建筑的方针确实是重要的。当时几位领导和专家都做了精彩的发言，他们讲得很系统，深入浅出，举了大量典型的例子，这些典型的案例把我们带到中国建筑理论研究的高度，也把我们带到中国建筑发展方向的高度，对我来讲受益匪浅。
中国建筑学会 2012 年以来在研究探索中国建筑方针方面做了一些工作，2012 年1 月中国建筑学会在人民大会堂召开了"发展和繁荣中国建筑文化"的座谈会，今天在座的几位领导也都参加并发表了重要意见。2012 年 3 月，中国建筑学会召开了全国性的建筑创作方向工作会，也组织学界对相关问题做了比较系统深入的讨论。10月16日至18日，中国建筑学会在北京召开隆重的年会，在年会中依然对中国建筑方向和方针进行讨论，也来探索如何构建和谐家园。刚才听了几位领导的讲话深受启发，刚才金磊同志讲了一个观点，说我们的建筑方针已经有60年了，是不是可以作为遗产珍惜、珍视和保护。我的观点是不能做遗产。因为中国建筑方针一点没过时，"适用、经济、美观"非常朴素真实地表达了中国建筑方向和建筑方针。我总觉得任何一个事业在国家的层面都需要基本国策——土地有节约用地的基本国策，计划生育是人口发展的基本国策，在中国建筑的发展也有基本国策，这个国策就是建筑方针"适用、经济、美观"。这不仅不是遗产，还是指导我们当今建筑发展重要的方针和旗帜。刚才各位领导都举了很多案例，举出建筑实践中的很多问题，这些问题的产生确实很复杂，但其中的一个原因我觉得是建筑方针举得不够高，唱得不够响，有点被淡化，有点被遗忘，似乎也有点不敢理直气壮讲。这是当前社会"乱象"其中的一个原因。

我觉得"适用、经济、美观"方针确实在文化内涵中体现着宝贵的中国文化的精神，朴实平直地讲出了建筑的方向和原则，在今天仍不落伍，是需要今天的建筑师和工程师遵循的原则，它体现了如下宝贵的中国文化精神。

（1）体现人民政权政治理念。新中国成立不久我们集中了这样一个建筑方针，它确实体现了人民共和国人民当家做主的政治理念。包括在那个时期建设的北京十大建筑——人民大会堂、农展馆、军事博物馆和民族文化宫等确实都体现了毛主席当年在天安门城楼讲的那句话——"中国人民从此站立起来了"。建设社会主义的新中国，建筑体现了"适用、经济、美观"的基本原则理念。

（2）体现了勤俭持家的治国信心。崇尚节俭是中国文化当中非常优秀的道德。崇尚节俭是中国几千年历朝历代，上至统治者下至老百姓都在尊崇的文化道德。过去李商隐有诗：历览前贤国与家，成由勤俭败由奢。建筑方针六个字确实体现了勤俭持家的治国理念。我们盖一个剧场，如果能够按照"适用、经济、美观"的原则可能六个亿就解决了，但不坚持这个原则，十几个亿都拿不下来了。我觉得崇尚节俭对中国人来讲是几千年的优秀传统，虽然现在中国国力已经超过47万亿，但是依然要坚持勤俭持家的理念，坚持"适用、经济、美观"的建筑方针。

（3）体现淡定的做人态度和人类对生态爱护和尊敬的精神。任何美观都需要成本，我们要在可能的条件下注意美观，这是朴实的中国传统思维形式。我觉得这个方针在当前对我们国家发展会起到积极的作用。我们应该加强中国建筑理论的研究，特别要对传统文化中宝贵的思想精髓进行系统研究，使之能够指导今天的城乡建设工作。我也非常希望建筑师和工程师能够切实在建筑实践中贯彻建筑方针，把"适用、经济、美观"建筑方针的旗杆重新擦亮，台基重新打扫干净，要把这面旗帜重新升起来，高高飘扬，来引导和鼓舞建筑师和工程师。

（中国建筑学会副理事长、秘书长）

李德全：今天的话题很重要，在这里我想表达三个意思。第一，建筑方针虽是 60 年前提出的，但它表达了建筑本质的要求，从这个意义上讲，它到今天仍然不过时。它不仅是任何历史时期都该遵循的方针，而且不分国界，在全世界都有它的规定性。从这点讲建筑方针到今天仍有它的重要意义，这是毋庸置疑的。

第二，到了今天，无论国力、国情、科学技术和需要的确都发生了很大的变化，在今天坚持建筑方针的时候更应该赋予它更多时代特色和内涵。比如"适用"在今天的建筑功能上会有 60 年前不敢设想的技术含量和材料。材料技术、文化和低碳发展到今天，建筑功能的内涵一定会有非常丰富的新东西。从"经济"来讲，今天变得很复杂，既要考虑勤俭，又要和国情相适应，反映时代特色，同时要考虑到经济多元化和主导力量，从政府到业主的确很复杂，如何处理经济，都有很多问题要解决。从"美观"来讲，今天我们一定要弥补以往的建筑缺憾，像"千城一面"和没有地方特色和深刻文化底蕴的建筑确实需要我们去改观。因此，一定要在建筑方针基本原则上赋予新的内涵，能够在今天使建筑方针更加鲜活，更加适用。

第三，建筑方针大家都认可，认为它很重要。的确，一件事情一定要有其指导思想，但是我觉得一方面我们要讨论清楚建筑方针的内容，另一方面我们的确要考虑建筑方针在全国如何更好地加以实施的问题。刚才各位领导说了很多重要的问题。今天面临政府主导的实际环境和业主主导的实际状况，而且我们的业主并不见得对建筑有了解，他们的素质并不见得就能达到建成理想建筑的要求。在这种情况下，我们如何来实现建筑方针的大课题，需要做的工作很多，从政府政策的引导，从全社会国民教育、国民意识到个人素质的提升，方方面面很多问题。今天会议的重要，在于我们在呼吁和在做这件事情。我希望学会和协会在这方面发挥更大作用，同时也使政府在有限的政策手段下能够采取更多的措施。同时媒体在这方面多做宣传，能使建筑方针更加深入人心，引起更多的思考。全社会关注这个问题，根本地改变一些观念。我们会积极地配合各个方面对于建筑方针的宣传，我们也希望能够为此做更多的工作。

（住建部政策研究中心副主任）

张钦楠：第一，新中国成立初期提出的"适用、经济、在可能条件下注意美观"的方针，是我们进行现代化建设的指导方针，这六字方针现在已是 60 年了，使我回忆起我们国家当时经历的艰苦岁月，回忆起当年全民团结艰苦奋斗的情景，也使我回忆起设计院中老前辈和老专家们兢兢业业对待自己设计的情景。我觉得，在今天追求豪华的风气弥漫全国的此刻，我们要继续坚持这个建筑方针，即使我们国家成为第一经济大国的时候也仍然需要继续坚持，作为"国宝"对待。

第二，有的同志主张根据国家现行发展水平和建造行业当前存在的特色问题，对这个方针进行一些补充、调整，我认为这样做有利也有弊。对方针进行调整容易缺失连续性，我认为我们应当保持和强化这个"国宝"的地位。在建设过程中总会出现各种各样新的问题，我们可以对原来的方针进行新的尝试，注意新的内涵，没有必要频繁地对基本方针进行修改调整。维特鲁威在公元 1 世纪提出了"坚固、实用、美观"的方针，两千年来一直被人广泛运用，树立了它巩固的权威性，所以我们要坚持下去。

第三，"适用、经济、美观"这些都是建筑范畴的要素，它们客观地存在，我们要把这些要素全部罗列在我们的方针中也是非常困难的。吴良镛先生引用外国专家的话："所有的要素都必须加以考虑，然而在某一个项目中重大的要素突出出来，赋予建筑以个性。"所以我感觉到我们不一定要罗列很多要素和方针，而是应该信任我们的建筑师，让他们根据每个项目的特点，选择其中最重要的要素，这样才能使建筑具有个性。

第四，我觉得当前与其探讨方针中的罗列，还不如下工夫对主要范畴在政策上加以明确、统一和升华。我们在过去的实践中对某些基本范畴有过一些误解，这是需要我们总结的。在"适用、经济、美观"三个要素中，我觉得我们对"经济"和"美观"两方面不够明确、统一。拿"经济"来说，我们长期以来，都把经济和造价等同起来。事实证明建筑建成以后经常消耗能源的费用远远超过了造价，所以强调造价往往却造成了资源浪费。我们现在很多建筑追求豪华，高标准，我们要对"经济"有个全新的认识，树立全寿命周期观念，而不是强调造价。对于"美观"，近年来，城乡大规模建设，对已经建成的建筑评价也有很大的争论，这些争论有利于我们总结经验，从实际中发展建设理论。因此我们应当努力发展健康理性的建筑评论。有些问题非常值得讨论的。比如，如何对待建筑形式，过去我们有一句话很流行：形式遵循功能。这句话我认为对重视功能起了积极的作用，是该肯定的，但不能绝对化。因为，形式除了满足功能外，还要有独特的艺术价值，所以"适用、经济、美观"的方针中，实用和美观是并列的，总之，实用和美观不能等同。现在我国确实出现很多奇形怪状的设计，引起很大的争论。我觉得对这些设计，应该研究讨论，认真对待，同时也该看到

当前中国存在的大量问题不是"奇形怪状"，而是"千城一面"。老百姓对这个问题已经非常厌烦了，建筑师的任务是对奇异建筑进行理性的思考，提倡和追求鼓励中国建筑师开创美好的形式。怎么叫美好，大家可以讨论，问题不在于追求形式而在于是不是美观。

第五，最近有机会在杭州访问参观了王澍作品。给我印象最深的一点是他发动学生捡废砖废瓦，用在现代建筑上。这点给我的印象非常深，这种循环经济的做法很符合绿色设计的原理，给他的设计带来了传统和现代结合的特色。在这里允许我发点牢骚：我是学土木工程的，现在在中国的建筑舞台上"木"早就没了，"土"也吃光了，在吃光以前还要批判秦砖汉瓦，把这个问题推给了老祖宗。这是我们"吃"的，不是老祖宗"吃"的。所以现在没有土木工程了，有的是"铁石心肠"和"铁石工程"，而且大量铁石是进口的，能"吃"几年我不敢说，铁"吃"光了我们"吃"什么？应该去吸取国外的经验，加拿大和澳大利亚建筑中用木材很多，他们怎么保持的，在拉美和欧洲很多国家，砖建筑很多，为什么他们能够这样做，我觉得就有个怎么保护自然资源的问题。加拿大就有很多措施保护生灵、木材的经济使用和木材的代用，所以它们能够持久地生存。真正希望我们有一个全民动员的保护资源、循环利用资源、再生资源的全民运动，只有这样我们才能够使我们的建设持续发展下去。这也是六字方针新的力量！

（原中国建筑学会副理事长）

赵知敬：最近大家都在讨论罗马的维特鲁威当时讲的"坚固、实用、美观"和我们的建筑方针"适用、经济、美观"的关系，其实我觉得原则上它们是一致的，我们 60 年前提出的方针和维特鲁威差不多，只是"适用、经济、美

观"更适合我们国家国情和经济。

建筑方针的内涵要怎样与时俱进，因为我当规划委员会主任这些年，包括规划设计和住宅设计等，我们每年都在探索建筑主导方针，但说来说去其实还是围绕"适用、经济、美观"。2008 年奥运会时，胡锦涛总书记和罗格对话奥运工程时讲，我们的奥运是绿色奥运、科技奥运、人文奥运，这 12 个字也没有脱离"实用、经济、美观"，然后市委又把它引申为后奥运：人文北京、绿色北京、科技北京，把"人文"提到前面，实际也是更多地体现了实用性。那么，建筑设计的"人文"如何体现？最近这两年北京市领导包括规委的领导我给他们归纳提出 16 字：以人为本、沿袭传统、绿色节能、安全设计。这两年展览会的主题就是这 16 个字，这 16 个字可能更接近现实。我想，问题是我们看到很多不习惯的问题，奥运三大理念没有得到完全贯彻。奥运会圆满完成了是工程的伟大成绩，但它造成了钢铁的浪费、计算的浪费。我估计评选"十大建筑"鸟巢选不上。它没有做到节能减排，是很大的浪费。

90 年代末，规划协会自告奋勇组织了 90 年代"北京十大建筑"评选活动，有 60 万人投票。我跟金磊说：你好好总结这十个工程，实际上就是在总结"实用、经济、美观"。今天我参加这个会特有感慨，明年会是我们的展览会的第 20 届，回顾 20 年，离不开改革开放 30 年，这 30 年又是在前 30 年的基础上，所以如果按"适用、经济、美观"60 年好好评价总结对今天是很好的，我们现在需要声音，中国好声音。我探访过美国被撞毁的"9.11"大楼总建筑师，我问他多高的建筑算高？他说 70 层就已经够高了。后来"9.11"事件后，驻纽约领事馆专门给外交部写信，他们认为建筑的高度太高不实用。建院现在正在设计"中国尊"，展览会的时候大家一起讨论了这个项目。因为它很多的问题解决不了，例如交通问题；包括央视大楼，当时我也把这个方案放到展览会，评选优秀设计没有入选。奥运会的主场馆，在展览会上是建院的方案得奖，我们现在是缺少群众的声音和意见，一个这么重要的项目方案就靠专家建议和政府的行为是不妥的。最近国家科技馆给了北京市，国家科技馆又要新盖，项目由科委组织设计，却是英国人方案登了报纸，报纸上写着"科技云"。我马上和勘察设计协会的会长去科委与他们交流，你们叫我们学会研究低碳和科学发展观，可你自己的工程为什么不低碳呢？我们的社会现象要有声音，中国建筑行业也需要声音，我们需要很好地总结。

（北京城市规划学会理事长）

费麟：2012 年是建筑方针提出 60 周年，2013 年是我进大学 60 周年，也许是我这个人太老的关系，我老想温故知新。在我进学校上二年级的时候，建筑历史课老师向我们介绍了《建筑十书》这本书，下课后到新华书店去找，没有出版，结果，陈志华老师的哥哥陈志敬翻译了一个本子，得到书后我如获至宝，赶紧拿回来连夜看，并做了笔记。我觉得维特鲁威写得非常好，就六个字：坚固、实用、美观。美观当时翻译的不是"美观"而是"愉悦"，后来我查了英文，原文讲的也不是美观，是愉悦。愉悦和美观还不一样，我觉得提得很好，但我一翻怎么没有经济呢？我记得是把坚固放在第一位：坚固、实用、美观。

1956年，国务院下发关于加强设计的决定，里面提了民用建筑设计中必须全面掌握建筑方针。当时工业建筑有个方针叫《技术鉴定条例》，那时我就打了问号，为什么建筑方针不能涵盖工业建筑呢？实际上应该涵盖的。因为当时苏联提到的社会主义内容就涵盖了工业。

到了1958年时，有一次建筑艺术座谈会，大谈建筑方针怎么理解，这是我印象中第一次全国组织讨论建筑方针。1959年"大跃进"，"超英赶美"跑步进入共产主义，出现了四无建筑，即"无钢筋、无水泥、无砖石、无木材"。1959年在杭州半山召开现场会，当时总结两条：第一是大跃进，多、快、好、省；第二是教训，没有设计。1959年的经验教训太深了。

我从进校以后对建筑方针的认识还是比较深的，在建设部制定的《中国建筑政策》里面，1986年到1996年的政策提出：全面贯彻"适用、安全、经济、美观"的方针。后来我参与了1996年到2010年《中国建筑技术政策》的制定工作，这其中有这样的提法：建筑设计的任务是本着"适用、经济、美观"的方针进行创作。六个字很明确，这个精神在中国很实用。在2004年建设部又组织了大讨论，当时我应邀参加讨论会而且写了稿《温故知新话方针》和《再议重申建筑方针》。我认为建筑方针不但是学术理论问题，更多是实践问题，建筑方针有它的原则性和法制性，要立法、执法。我们国家有些问题是无法可依，执法不严；光有方针，底下没有监督人。有人说，设计你不要听规划局的，听我的，我有办法摆平；绿地不够可以摆平，面积增加能够摆平，车辆不够也能摆平。最后的设计是两面不是人，就是因为有法不依，所以建筑方针的法制性很重要。还有建筑方针的相对性，所谓相对性是三个因素互相依托，在不同项目都有条件，辩证统一，以适用和经济为前提的理性的美观。2009年我毕业50周年时写了一本书《匠人钩沉录》，我谈到当前建筑的乱象，要从体制、制度来做，它不是我们主观能解决的，"奇形怪状"和"千城一面"的现象反映了我们在制度体制游戏规则上的问题。我的看法是，自古至今，建筑艺术反映了统治者的意识，什么叫统治者，权跟钱的统治者，所以我称自己为"匠人"；张镈也称自己为

"匠人"，我去他家他在画图，他说他一辈子都是画图匠。他跟我说，建筑师不要太俏，你的本领没那么大，很多东西不是你能决定的。现在总说开发商是上帝，我觉得开发商是上帝，国家利益和公众利益也是上帝，用户也是上帝，不能光听开发商的。建筑师是夹缝中求生，最后所有建筑我认为全是妥协的结果；你不善于妥协，就不能在行业内混，贝聿铭也不例外。我在《匠人钩沉录》第32章中提到了建筑师的社会责任感，我认为当前好多是制度和体制的问题，我就点出几个问题。第一个问题是我们应该开展工程咨询设计，但现在讲是难题。我1981年被建设部派去德国学工程咨询，什么叫代建制？工程咨询里有很明确的项目管理，项目管理就是代建制，代建制不是一个组织，实际上全是大的设计院该做的事。

关于城市住宅规划设计，我觉得这个问题很大，政府抓素材，公家抓两头，抓最穷的人是买不起房子的人，抓最富的人限制他，让他上税，不可以浪费国家资源，中间的市场化。住宅小区建在城里是"肠梗阻"，建在城外是"洋垃圾"。"洋垃圾"的意思是没有资源共享，自己搞浪费，不搞还缺。原来搞小区必须有幼儿园，现在开发商精明了，不搞小区搞组团，10个组团一个幼儿园都没有。

北京的交通问题50%是规划问题，而且我觉得小区的质量也是个问题，关键一定要有审图公司审核校订。新中国成立前上海有营造处，就是管安全和卫生，他就管系统的安全结构卫生，其他的你自己负责。为什么呢？建筑是有终身责任制的，这些不应该由审图公司来帮你。我认为设计的质量关键在过程。必要条件不可代替充分条件，不能给年轻建筑师错误的概念。过去住宅可以一步跳到施工图，不做初步设计，但现在是超高层住宅和城市综合体住宅，不要初步设计就会出大问题，所以我们的方案设计后，结构、水、暖、电没做方案，直接做施工图。你的质量不能代表你公司的质量，代表你个人的质量。所以我觉得终身责任制还是非常重要的。我这里有汶川中学地震垮了的图片，是天灾还是人祸？我认为有天灾也有人祸。我觉得要贯彻方针政策现在必须要提到我们的制度、法律和游戏规则上。

（中元国际工程公司资深总建筑师）

张宇：建筑方针60年，也应该是建筑创作发展的60年，建筑方针指明了方向和道路，它是我国建筑行业发展首先要遵循的。建筑方针是建筑文化不过时的一个命题，建筑创作方针应该是一脉相承的、是可持续的。

王军前段时间送了我一本他的新书《拾年》，主要谈北京这10年大拆大建的过程。我也从中想到这10年我们发生的大事小事不断，像中国加入世贸、北京申办奥运、上海申办世博会、深圳的大运会、广东的亚运会、西安的园博会等，这些都在 2001 年以来，短短 10 年给城市建设带来翻天覆地的变化。现在城市化率我国已经达到了近 50%，中国的大门不可逆转地向世界敞开了，中西方文明开始悲情碰撞，几件大事给城市发展的模式、结构、形态和文化带来了极大的冲击，这就要求我们必须对城市规划、建筑艺术等方面在全球化、经济化的今天进行梳理，明确当下使命。

刚才许多专家也都说过，古罗马的许多建筑师在《建筑十书》中提出了建筑的基本原则：坚固、经济、美观，它准确地表达了建筑的基本属性和设计应遵循的基本原则，它是我们创作的基石。所有普利兹克奖奖章的背面也都刻有亨利·沃特 1624 年在《建筑要素》一书中提出的建筑三个基本条件：坚固、实用、愉悦。新中国成立以后，一直执行的是"适用、经济，在可能条件下注意美观"，后来调整为"适用、经济、美观"，都是基于这一基本原则。随着改革开放的不断深入，我国社会经济得到快速发展，建筑业的发展也到了前所未有的高度，人们对建筑的认识也达到了一个新的阶段，各种各样的建筑流派和思潮不断涌现，我国的建筑设计水平取得了长足的进步。但同时建筑设计出现了片面地追求形式上的创新求异的取向，片面地将"新奇特"作为建筑创作的方向，不顾使用功能，不管环境关系，更不顾技术经济条件，将建筑创作流于简单的感官冲击，将技术进步退化为单纯的材料堆砌；更有甚者生搬硬套地将国外新建筑形象和时髦的建筑符号拼接在建筑中，全然不理解蕴涵在形式内部的理念和技术背景，导致很多单纯追求豪华、忽略经济适用的建筑作品的出现。

面对高速发展的城市建设，我们不约而同地关注到一个问题，就是什么才算真正的永久的中国建筑现代化。现在的建筑师是从最早的封闭状态走出来的，经历冲突和考验。我们提出反对缺少理性、多信息的所谓的前卫建筑，而应倡导建筑与时代，建筑与人文紧密集合的理性创作观。无论是我们独立创作还是跟国外建筑公司合作设计过程中，都应该始终坚持建筑文化是社会主义文化的重要组成部分，始终坚持建筑创作的自主性，始终坚持中国建筑师应该从中国建筑文化的主体进行思考。无论是新建筑再现传统，还是借用外来形式干涉我们的城市现代化，都应以理性思维充分考虑环境问题，考虑我们的经济能力和社会接受能力；因为建筑设计首先是观念问题，其次才是技术问题；如果我们在每个项目中都认真研究其所处的客观条件、精神状态与建筑环境问题，距创造一个真正满足人类生活需求的现代理想城市的目标距离就小多了。国家在各个领域提出了建设资源节约型和环境友好型社会，这也标志着我国告别高能耗、高污染和资源环境约束的经济增长方式，强调走节约发展道路；也标志我国建筑创作指导思想在经历几十年反复徘徊和思考后，已经回归到真正的创作本质问题，为建筑设计指明了方向。建筑师和工程师作为建筑产品的设计者，对于建筑的全寿命使用价值起着至关重要的作用。

（全国工程勘察设计大师、北京市建筑设计研究院有限公司副董事长）

高志：我们发现，当今中国的建筑太疯狂了。但疯狂的都是什么？小学疯狂么？养老院疯狂么？没有啊。所以"适用、经济、美观"我们要全面看。"适用、经济、美观"是1952年提出的，那时是计划经济，而现在是市场经济，社会环境、经济条件都已经发生了天翻地覆的变化。我们发现，疯狂建筑多少都是跟政府相关，真正的开发商省钱还来不及呢，不会浪费。假如我们做的是美国和日本的项目，他们的政府会同意吗？会提出"适用、经济、美观"吗？我觉得现在这个年代重新提出这个口号是正确的，但本质不同。我们现在两头走得都不对，一头是大、洋、绚，一头是土、小、纳，建筑方针六个字是经过仔细研究的，我认为应该有专门的班子，好好研究"适用、经济、美观"在计划经济和市场经济并存时我们该怎么办。怎样把方针在新的条件下落实好是特别重要的问题。咱们没富裕到那程度，就是富裕了也要讲经济，这是党的一贯方针。我们比美国经济强三倍也不应浪费，我们没有权力浪费。现在我们需要做的事情还很多，应该把学校建好，把养老院建好，把医院做好。只要我们的指导方针是正确的，加上大家都共同努力，一定会把我们的国家建设得更加美好。

（加拿大宝佳国际建筑设计集团亚太区首席代表）

刘临安：第一，在座的老专家是建筑方针的经历者，我们是建筑方针的听说者。刚才提到解释方针，方针内涵对今天来讲仍有指导意义，也没有必要去加尾巴。比如说"经济"，过去的"经济"是狭义的"经济"，今天的"经济"包括绿色和节能都是完全赋予新的含义，其内涵却没有变，如果改了恐怕会把时代特色抹杀掉。例如1979年我们改了国歌，后来我们又改回去了。
第二，我们今天对60年建筑方针从建筑教育者角度认为还应该给学生们灌输，给他们进行讲解，因为这个毕竟是对建筑师和建筑创作具有原则性的内容。
第三，它和维特鲁威的关系。我们的建筑方针多多少少跟维特鲁威提出的在意义上有点渊源关系，我们不完全尊崇，这是我们当时着眼大时代特色而提出的。

（北京建筑工程学院建筑与城市规划学院院长）

胡越：先祝大家节日快乐，刚才大家都说得很好，我说一点不成熟的看法，说错了请大家原谅。今天谈到国家的建筑方针，"适用、经济、美观"来自维特鲁威"建筑三性"，我认为这两者还是有一些差别的，"建筑三性"说的是建筑属性，咱们的"建筑方针"说的是人如何做建筑，是建筑的态度。建筑属性在历史发展进行中会长期保持稳定，而人如何做建筑，如何看建筑的态度是与时俱进的。这两者至少在我上学的时候我是把它们混淆在一起，分不清楚的，因此还会出现中国现实中的好多乱象。我个人认识是跟概念混淆有关系的。中国建筑乱象的原因，其一是对建筑本质认识的缺失，其二是涉及更宽广的社会问题，比如制度和管理模式等，还比如大家说的浪费，做的各种怪建筑都可以从更广泛意义说是跟社会有关系。实际上，对建筑学下的定义，是由两个方面组成的，一是为满足人类对物质的需要，另一个是精神诉求。物质方面就是实用和坚固，人的精神诉求是对美的追求，因此我觉得现在的乱象不是过多地强调建筑的美，而是对美的缺失和放弃。大自然的很多动物和植物从广义讲都可能是建筑师，而且还做得很好，但从人主动对美的需求，应该说人做建筑是为满足自己需要的一个特点。另外从建筑本身来说，它肩负着实用和人对美的追求，从简单的加减法和受众面来说，对美的追求更重要。很多建筑实用功能是针对建筑的主人和使用者，是少数人。而所有人都要在建筑的城市环境中生活，建筑是组成城市环境的背景，必须接受。因此美这个属性很重要，城市和建筑的美在物质性和精神层面上是很重要的。

城市的美不等于艺术创作，出现乱象是把建筑的美等同于自由的艺术创作的结果。在城市的层面上，美应该是一种控制，从现在看到的实践结果来说，城市的美主要表现在连续性和次序。在古代中国或者外国有很多游戏，优美的城市都是在强烈控制条件下产生的结果。通过法则，欧洲有注释和样式，中国是法则建筑最极端的代表，因此我觉得任何一个城市和建筑应该对自己城市的美提出一个价值判断。我国过去批判过形式主义，还有最开始提出的，建筑在可能条件下的美观都给人一种误判，美是可以讲也可以不讲的，恰恰这种情况导致中国新建城市普遍缺失美。不管穷富，美是最基本的需求，在远古，生产力低下，人也需要骨头串串来美化自己。我们现在受到很多影响，实际上是受到当前比较发达的西方文化影响，我们忽略了西方的现代性不等同于中国的现代性，中国从城市发展角度讲比西方落后了很多年，我国过去传统美的城市被这几年迅速的城市化和经济发展全都拆光了，而西方大部分的城市遗产都在保留中，因此它的建筑创作中的美是在大的基调中小的闪耀。但是我们的基础已经不复存在，如果在这种情况下放弃主导性质美的追求，变成任意胡来，那么我们的城市就是可悲的一个乱象。中国需要采取怎样的策略，是一个很难回答的问题。在当今经济的大浪潮中，多样性和西方文化的入侵是非常严重的，同时我们自己在管理和价值判断上都有很多误区，包括领导的决策有些是不符合客观规律的，但这种情况可能会在中国长期存在。库哈斯曾提到他在研究东南亚城市，特别是中国珠江三角洲一带普通城市时，他认为是四个"无"——无个性、无中心、无历史、无规划，就是将来人类历史发展的方向。我觉得中国老百姓是非常可怜的，在我们迅速的城市建设中我们没有找到城市的建设方向，现在的建筑方针不足以指导建筑的前进。我认为可悲的状态是城市要丑下去，跟国外优秀的古代文化城市比我们是丑的，现代建筑也一直没有解决这个问题。这又回到了我们的方针。我们采取什么样的态度去做，有历史形成的原因，也有现在继续发扬的可能的条件，如果想从根本上解决中国城市发展问题需要大家的努力。

（全国工程勘察设计大师、北京市建筑设计研究院有限公司总建筑师）

贾东：第一，"适用、经济、美观"有历史变化的原则，在中国60年以前明确提出，有我国工业化的大背景，是有道理和意义的，而中国的工业化，现在体系完备，发展很不均衡，整体水平有问题，我们缺乏大量的、批量化的产品品质，所以工业化到工业文明的过程其实我们还存在很大的问题，所以背景还存在，那么"适用、经济、美观"的现实意义还存在。

第二， 对于信息化和后工业的片面化的理解加剧了对我们原来很多没有完成的任务的进一步误解。首先，文明不等于高、大、绚，工业化也不等于工业文明，而信息化也不等于对工业文明的全盘否定，所以对于文明认识的错位是今天很多问题的内在原因。

第三，我们应该拓展建筑普及教育的深度和广度。建筑专业教育不谈，建筑普及教育在中国是空缺的。大多数人对于建筑的评价实际上是两极化的，他去买房子看它的商品使用，从来不考虑是否美观。但是对于别人的东西作为作品欣赏，首先是美观，所以对于建筑的普遍认识还是对于文艺作品的欣赏，而不是对工业产品的认识。从对文明认识的深层次来讲，我们要往前发展，前面是生态文明，它在我们工业文明的历程中是不可回避的，我们要回头看看我们几个文明取得的成就，只有这样我们的建筑才有可能全面地发展，而对于建筑普及的教育深度和广度，"适用、经济、美观"可以作为一条线索脉络来进行。我们需要古建筑现代主义这一课，但对于整个建筑文化，我们要对工业文明的深刻内涵进一步加深理解，"适用、经济、美观"今天的意义还是巨大的，我相信，它在文明发展史上也会留下一笔。

（北方工业大学建筑学院党委书记）

杨欢：各位领导都是专家，讲得非常好。刘院长说自己是听说者，我是一个旁观者，谈谈旁观者的体会。刚才布总提到"亡羊补牢"，从我这个建筑的使用者的角度讲，现在已经到这个程度了，比较悲观和消极。现在要贯彻和改革已经很晚了，我们出版社是一个载体，我们呼吁：呼吁现任的决策者，他们要意识不到，我们在这论道是没有任何意义的，最后的权和钱是决定在他们手里的，他们想盖什么样是什么样，你们不听也不行；呼吁主管建设和建筑的人，各个省市自治区，唤起他们对建筑方针的理解，他们的支持，他们对建筑的良知，才是最重要的事情。为了唤起他们对这个事情的重视需要做两件事：一是需要建筑学界专家学者，认真研究建筑创作和发展方针，建筑的目的和建筑的宗旨它们到底是什么关系，以及建筑方针的真正内涵是什么，它过去是什么样子，在现在与时俱进的条件下，它产生了哪些变化，我们该怎么理解。这是体系性的，需要我们深入探讨。研究后，作为媒体，我们要不断呼吁和宣传，让他们意识到这个问题很重要，是惠及子孙万代的。如果他们意识不到，公众意识不到，监督的群体意识不到，声音在这个屋里发出多大都无意义。从现在开始教育我们的下一代，让他们意识到，在他们走到建筑师岗位和领导岗位时意识到这点，我们今后就真的做到亡羊补牢了，这是我们大学的责任。我觉得每个人身上都背负责任，包括我们出版社作为媒体人都有一定责任，我们一定要履行我们的使命，对建筑文化的传承包括今天讲的建筑方针的贯彻落实尽我们自己的一份力量。

（天津大学出版社社长）

（刘晓姗根据录音整理，未经本人审阅）

一篇迟发三十年的文章

罗健敏

图 1　文字原样

写在前面

下面这篇有关香山饭店的短评写成之后，压了三十年。如今发表，有几句话说在前面算做背景介绍。

这篇文，其实不过是一点点调查，一点点评论。所关注的，也不过是一座旅游饭店而已，但在我国过去很长一个时期，对建筑的评论很难敞开来谈。香山饭店建成后，社会上都是赞扬的声音。其中，新闻记者们不谙建筑学，跟着潮流赞扬，虽不必苛责，但是建筑专业人士的论评不实事求是就不妥了。有些文章更称颂香山饭店的设计开辟了中国建筑设计将传统与现代结合的道路，而对这座饭店选址不当，造成经营亏损，特别是园中建

图 2　香山饭店（摄影／陈鹤）

饭店损毁了大量古树的严重问题避而不讲，这就很不好了。

本人从得知该饭店定址香山公园内便认为选址不妥，建设过程中数次到工地观察，建成后又多次到饭店实地调查了解经营情况，发现问题相当多。例如仅毁树一项就造成包括二三百年古树在内的 415 株园树的毁灭，令我十分痛心。同时营业后因地址偏远交通不便，饭店一直亏损。

这样我才在 1982 年依据了解的一手资料写了一篇评述。目的在让社会各界特别是建筑界对香山饭店的认识能全面一些。

短文写成后，为了慎重，也是习惯，找了几位老前辈征求意见。设计师赵冬日先生认真看了所写文章，特别是园林部门对毁树一事的上报和处理文件，很震惊，支持发表出来讨论。但最后另一位前辈的劝阻告诉了我没有想到的情况。前辈语重心长地说："你的调查，一点错也没有，但是这座饭店不是一般建筑。中国的海外华人中只有两位每次回到国内都一定能得到邓小平同志的接见，一位是包玉刚，一位就是贝聿铭先生。"他说："这么有名的一座饭店，定在这么有名的公园里，可不是下面一般领导干部敢定的。你的文章就算寄出去，恐怕也没有人敢登。你写就写了，也没错，收好。你要是肯听我的建议，就不发表吧。好好收起来……"

这一番话让我明白，在当时，就算我坚持寄出去，也确实是没有刊物会发表的。于是我把东西收起来了。这一压就是 30 年。

这次找出来一看，纸都已变黄变脆了，有点出土文物的味道了。现刊文中提到的投资、单价等等都是 1982 年的状况，与今天当然不可同日而语了。幸好园林部门的投诉罚款函等都还在，因为这可以证明，毁树 400 多棵这样的数字，不是我杜撰的。

2012 年 10 月

由贝聿铭先生设计的香山饭店，经过几年紧张的施工，已经基本建成开始试营业了。

在北京近几年来新建的几座大型旅馆中，香山饭店是唯一选在著名风景区内的一个。由于它的设计者贝先生是国际闻名的建筑大师，所以从一开始它就受到各界的关心注意。当饭店尚在施工时，我们便看到了不少称赞的文字，饭店建成以来，许多报章杂志发表了更多的颂扬文章。

在这些文章中，有两点特别被强调的地方，一是，香山饭店的设计特别注意了原有风景区的保护，是风景区内建设旅馆的成功之作；二是，强调它"比增加一个为旅游事业服务的旅馆更重要的是，它的设计在探讨中国建筑创作民族化方面所做的努力"，进而提出了它对"中国民族化设计道路"的"拨冗现真"的开路作用。

这些文章的作者中，有的显然是没有研习过建筑学的新闻记者，人云亦云地跟着别人的评价来撰写文章，对这些人我们当然无须苛责；倒是建筑界内有些人士，对饭店建设给园林古迹所造成的破坏不谈，反而不切实际地称颂新建筑保护树木这样为古园林"增色"，并且在"民族化道路"上作了过高的评价，这会在建筑思想上带来混乱。因此，笔者不得不也来谈谈我的看法，以使设计界的同行们在这些问题上通过讨论获得较全面较恰当的认识。

本来，从香山饭店的设计者来说，以一位侨居国外四十多年的华裔美籍、大部分设计生涯都是在国外的著名建筑师，在故土设计的第一栋建筑，不炫耀洋味的摩天大厦，不玩弄珠光宝气的豪华手法，而心念着中国建筑的传统，努力在设计时从中国建筑中去汲取灵感，努力在作品中有所体现，应当说，不论作品最后成功到什么程度或成功与否，对这种热情和努力，都是应当给予充分肯定和称赞的。如果大家能够实事求是地评价，恰如其分地肯定设计人的努力，已经可以不负设计人的苦心，他的努力也就获得了故乡的报偿。可惜一些同志却离开了实事求是的原则，在称颂香山饭店设计的成功时把香山饭店的某些不足之处也当优点来讲，把对传统建筑的特点的探索不适当地拔高到"建筑道路"的高度，这不但不利于正确认识香山饭店，尤其无助于几十年来关于中国建筑理论争论的解决。

我自知没有资格评论香山饭店的方方面面或尝试为它下一个全面的结论，但根据我所了解的一些资料及对中国建筑传统与设计原则的理解，提出几点不成熟的看法，与建筑界同人们商榷。

（一）香山饭店是否保护了香山的自然环境和丰富了它的园林艺术

在有些同志的文章和《北京日报》等刊物的文章中，称香山饭店是"融自然环境美与建筑艺术美于一体"的成功之作，说贝先生特别注意保护香山公园的园林特色和园中古树，因而香山饭店的建成，使古老的香山风光更加美丽了。实际情况是不是这样呢？

从贝先生自己内心来讲，我完全相信他是爱护名园珍惜古树的。建设中有的古树被毁，不会是先生的本意。香山被看做一个风景区，已有八九百年了。清朝皇帝在原有山林风景中添加建筑形成这座山林名园，从乾隆年间改称"静宜园"至今，也有了一百四十十年的历史。园中除了半山著名的红叶（黄栌），还有许多300~700年树龄的古树，包括银杏、古松、古柏、白皮松、古槐等。在战乱频繁的华北地区，这些古树历经百年来多次外帝的入侵军阀的混战而未毁，能够幸存至今，实在是北京一大幸事。自古有云"名园易得，古树难寻"，香山能够超乎周围群山之上而独享盛名，很重要的条件是它拥有这批森林古木。

在这样一个古园中建设，确实应多注意到 "这里很美的风景不能破坏，很好的树木都要保存"（贝聿铭先生语）。然而可惜，香山饭店的建设实际，却有大家不太了解的另外一面。

我们知道的情况是，香山的古树遭到了令人十分痛心的毁坏。截至1982年6月的不完全统计，为了建香山饭店已伐除树木20余种245株，其中砍伐百年以上的古树70余株（计有古松柏65株，古槐2株，古楸树2株等），另有190余株因为位于施工场地内，堆物堆料，挖沟断坎等施工中难以避免的扰动，造成树干损伤，树势垂危，濒于死亡，（其中有古松柏12株，古银杏2株）。合计砍伐与摧毁树木总数有435株之多。有的文章附了一图表明保留树木的成绩，我也附上相反的图——园林部门提供的树木被毁的图供对照。

现在到香山饭店的人，看见饭店内各个院子内挺立的大树，无不赞叹其用得巧妙，有几棵特大的古树简直用得妙不可言。殊不知那是砍了400多棵树后选留下来的幸存者。用那么大的牺牲来成就如此少的精英，真让知道实情的人心疼。真是"一将成名万骨枯"啊，此处岂不是"一木成景百树枯"吗？

古树遭到这么严重的损毁，而且是在一座著名的公园之内，这在北京是罕见的，十分令人震惊。园林部门对此曾一再提出抗议并对施工单位通知罚款，但是，既然饭店就是设计在古树群中，不伐树木就不能建造，那么，香山饭店的建设和选址已成定局，那些古树的命运自然也就在劫难逃了。

（二）选址不当——旅游饭店不应选在香山公园内

古树被摧残，只是问题的一方面。就一座饭店建设来说，一个更重要的

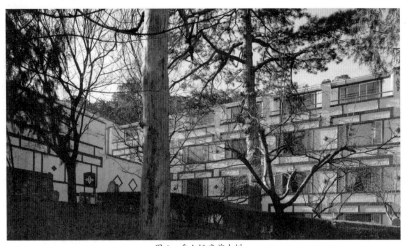

图 3　香山饭店前古树

西山风景区管理处公用笺

关于香山饭店在园内修路毁林问题的报告

公园管理处：

香山饭店北门外，修通向小白楼原有油路，擅自加宽西侧约三米，并将路面降低一米左右。在距该店北门以西降低1.3—1.1米将侧侧柏1株（胸径40公分）、油松1株（胸径50公分）、小白楼墙角侧柏1株（胸径25公分）以及路南西侧门旁头侧柏1株（胸径45公分），以上四株，有三株树令在200年以上，均被刨了侧根，损伤根部在1/5以上。路南另1株侧柏（胸径12公分）已伤根枯干。

另外，据检查，又发现在已竣工挖的电视架塔基（形成深坑未填），挖根

西山风景区管理处公用笺

造成1株侧柏（胸径12公分）死亡；在在园区施工中开路运石，挖伤根部达四分之一的侧柏一株（胸径24公分）。

香山饭店自施工以来，不听公园劝阻和无视罚款、赔偿损失，连续发生毁损林古树事件。我们认为单纯罚单位以赔款解决不了继续毁林问题，请司研究处理。

一九八二年十月四日

附：毁坏古树伤根照片

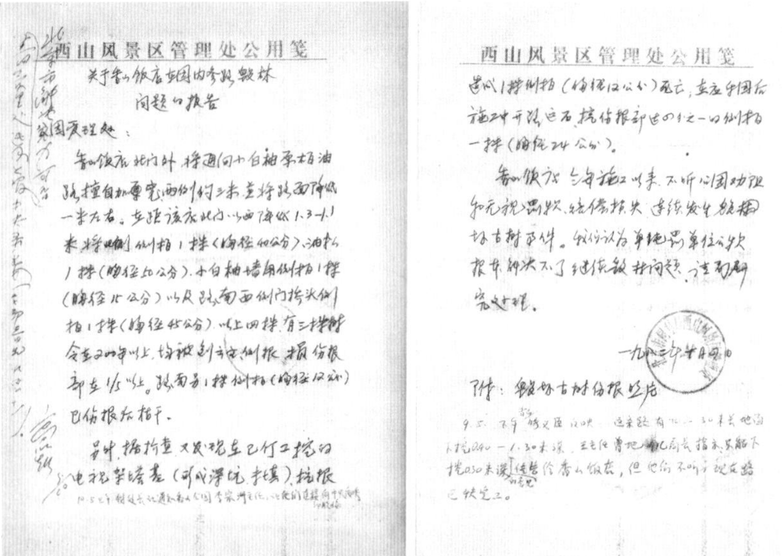

图 4　当年毁林问题的报告

问题是：建筑面积达 36 000 平方米、占地 30 000 平方米的这样一座旅游饭店，选在一个远离北京市区的山林古园中是合适的吗？

这可以从几个方面来分析。

1. 旅游饭店的位置选择：

香山饭店是一座供旅游人士用的高级饭店。按照中国目前和今后相当一个时期中可预见的情况来看，它的服务对象应当主要是外国人及海外侨胞，起码也是外地来京的游客。

为外来游客服务的饭店的建设，选择位置是最重要的。我们改革开放才几年，虽然还缺乏经验，但在欧美发达国家，这却一点都不生疏。著名的美国旅馆业集团希尔顿集团提出的旅馆建设三要则，第一是位置，第二是位置，第三还是位置。也就是说，要把选择位置放在第一位。位置一定要选在方便游客游览娱乐餐饮消费的地方，交通方便的地方。这种提法是有道理的，这是他们多年经营旅馆的经验之谈。确实，一个旅馆如不能选中一个合适的地理位置，接下的事情就很难办好了。

香山是个山林公园，山岭与沟谷交错，松柏与黄栌丛生，少量古建筑低矮小巧，掩映于树木之间，是个以自然山色取胜的园林，不是以古建筑群卓著的地方。如果我们实事求是地说话，香山的景色虽然恬静幽深，却称不得奇绝。若与泰山的宏伟、黄山的雄奇、华山的险峻、长城的壮阔、苏杭的旖旎相比，它还是稍逊一等的。就说香山的红叶吧，也并不能在中国以红叶称首，只不过在北京红叶较少，香山有点红叶，遂成一景，仅此而已。一个外来游人，来华或来京时间有限，其旅游安排必定先挑最著名的景点。在北京，则故宫、天坛、雍和宫、颐和园、十三陵、八达岭长城等是必去的，对时间有限的游人，能否把香山纳入首选已很可疑，就算选了要逛香山，他也不会守在香山不出去。香山周围的景点加上碧云寺、卧佛寺，有一天也足够了。那么游客住在这里，为了到市内去，游览更多的名胜，就必须每天乘车往返于香山—市区之间。这比起住在市区，以市区为中心四面出游，其方便程度就差得太多了。

饭店建成后，我去了解，工作人员告诉我，入住率很低，饭店开一天赔一天。最不好的一天，500个床位只有一个客人。但是即使只有一个人，饭店的设施也必须全面开动。当然赔钱是肯定的了。

因此作为旅游旅馆，其选址是不合适的。在这里不适合建造一座旅游饭店。

2. 香山地处北京西郊，是西郊风景区的尽头。此地距市区约25公里，只有一条尽端式公路可达。每到外来客云集北京的旅游旺季，也就是北京市人民成群结队到香山游玩的时候。

香山饭店未建之前，这里的交通已经十分困难了。城里人要想游一趟香山，交通难是件大事。团体车的停车场已从香山公园退到二三公里以外。在这种交通环境中，再增加一个500床的外客旅游饭店，每天增加上百辆汽车早、午、晚进进出出，将使香山公路的交通变得更加困难。故从交通来看，香山饭店的位置也是不妥的（《北京日报》报道每日达10万人）。万里同志去香山被堵在路上的这件事是一个惊人的实例。香山饭店的工作人员告诉我，在饭店施工期间，有一次万里同志要到工地看看，中途汽车被堵在去香山的路上，进退不能。堵到两小时，万里同志决定不去了，返回了城里。想想看，连万里同志这样的领导同志，还是去视察工作都难以成行，这样的交通条件这样的位置，在京小停三五日的游客怎么敢选香山饭店去住？

3. 从市政条件来看，香山公园内不具备建设大型饭店的条件。此地上水水源不足，污水没有大断面的下水管道，燃气不能供应，没有城市集中供热系统，烧煤增加运输负担并且污染环境，电源供不应求。由于建设条件不足，为了修建香山饭店，要从远处接入上水干管，修建污水管，为了接电源，要从八里庄修建一条全长20多公里的输电线路。仅这几项市政费用，就使香山饭店原定的6 000万元总造价增加到约1亿元，多开支相当于原预计造价的60%。如在市区的适当地点，这一笔市政投资是可以省掉的。

4. 香山既然是个名园，如果在这里增加建设，就是要让游人游得更好。但是，香山饭店的建设却从香山公园中划出了一块新的禁区，缩小了香山公园的游览范围。对住在香山饭店里面的人来说，固然可以坐享山景，但对整个公园来讲，禁区的出现让游人很不爽。这样做，不是让饭店为美化香山公园服务，而是把整座香山公园变成了饭店的衬景。这是对的吗？

5. 香山饭店为了布置一个具有中国特点的庭院，要选些山石。山石是中国园林的要素之一，善加运用当然是很好的。但是香山饭店中的一块石头要专门从云南选来，未免过于讲究。特别是当我们听园林工人说，这块石头是从举世闻名的云南石林中采来的，为了采这一块石头，竟动用炸药炸毁石林达200多立方米，引起了云南当局和群众的强烈愤慨，我们也感到十分震惊。石林是大自然经过多少万年的风化形成的，是人工和金钱无法换取的自然资源。为了北京一个建筑的增色竟不惜这样破坏彼地的大自然，实在是难以想象的做法。

这使我们想起颐和园中有一块著名的大石头，俗名"眢石"。 史载是清朝一个官绅在南方发现了这一块巨石，为了向皇上邀功，决定不惜工本运入北京进贡，以讨好皇上。结果由于石头太重，运输太困难，耗资过巨，以致这位富豪因运石而倾家荡产，也只把石头运到河南境内。此人既已破产，巨石也就弃下。直至多年后，才另有人将此石运来北京。故百姓称这块石头为"眢石"。

6. 经营饭店讲究经济效益。这是人人皆知的。简言之，就是要讲究单位投资所达到的经济效果，或者达到同样经济效果所花费的投资。 目前国内建设一座旅游饭店（主要是为外籍游客服务的高级饭店）的定额一般是平均每间客房面积不超过 80 平方米（附：近年建造饭店每间面积的定额），每床 40 平方米。

这就是说，如果建筑标准相同，每 40 平方米建筑应当可以接待一名游客。但香山饭店由于地处山区，附近完全没有能与香山饭店等级相当的餐饮娱乐设施可供住客享用，所以店内各项附属设施都要比正常加大，以至于达到平均每间 120 平方米，比目前一般外资饭店在定额上多 50%。换言之，香山饭店 100 间客房的面积，可以建 150 间，那么 300 间的面积应可建 450 间左右。 如果再考虑到其单方造价和总造价，我们就可以衡量出，为了让这座饭店的"风景优美"，付出了多高的额外代价。

从以上几方面看，我觉得，香山饭店的选址是不合适的，不但未增美香山公园，还毁坏了大量树木，更花费了过多的投资。 离开这些，只谈香山饭店的优美，是难以令人信服的。

（三）香山饭店的设计是否开辟了中国建筑创作民族化的道路

新中国成立以来，在中国建筑创作道路问题上，确实一直在不断争论不断探索。这简直是当代中国建筑师的心病。 建筑的本质，究竟是技术产物，是经济产物，是住人的机器，是艺术，还是具有二重性，至今也并未统一意见。对于建筑传统，到底要不要继承，如何继承，如何创新，外国的东西怎么学，中国的道路怎么走，至今也仍在争论。但不管建筑的本质是什么，它总是一种事业，广义地说，一个国家的任何一种事业，如果跟在别人后面爬行，不知自己创造自己的东西，总是没有出息的。从这个意义上说，贝先生 1981 年 4 月在北京提到中国的建筑设计要走一条新路，提出"我们中国也应该想办法创造一种建筑，有自己的特点"，无疑是正确的，是同国内大多数建筑师的心情一致的。

贝先生在香山饭店设计中，力求从事一次实践，作一次探索，这种努力也是我们所欢迎和赞赏的。

香山饭店的设计，从今天落成的作品来看，也确实很有特点，是一个优秀的设计。

有同志著文特别强调了香山饭店设计中采用多个院落的结合，是借鉴于中国建筑的传统手法。说在建筑创作民族化的道路方面，"拨开杂草，让来者看出隐于草丛中的路径"。这就使我们不得不认真思索一下，香山饭店在寻求这条道路上在多大程度上起到了"拨冗现真"的启迪作用。

讨论这个问题，其意义不在于对香山饭店的评价。而在于，作为一条道路，它是否回答了几十年来争论不休的若干理论和实践疑问；作为一条路子，是否可以作为今后中国的建筑设计的方向。如果是，当然就要充分肯定，广为借鉴；而假如还不能这么说，就要让大家都有个清晰的认识，以免群起效仿走了弯路。

的确，院落结合从形式上看是中国传统建筑的一个显著特点。在香山饭店设计中贝聿铭先生也确实借鉴了中国建筑的传统。那么我们如果深入一些研究建筑中的院落时，便会发现，并非所有院子都是中国的。中国建筑的传统院落，不同于西方的院子，具有中国自己的特点。

对此，我想出以下几点粗浅的看法。

1. 中国传统建筑的院子，不是建筑以外的露天场地，而是与室内空间交替使用的另一种建筑空间，是没有屋盖的建筑空间。

这样说来岂不是连院子也是在房子里了吗？不是的，它不在房子里，但是却在建筑里。中国建筑的院子不是周边房子当中的空白，而是房与房之间必需的联系体和有效的使用面积。

让我们看看下面一些中国北方典型四合院的平面，再看典型庙宇的平面，再看紫禁城故宫三大殿的平面。不难看出，中国的传统建筑，从民居到庙宇和宫殿，这些功能截然不同的各类建筑中，人们在建筑群内活动时，都不是从一间屋经室内的走廊到另一间屋子的，而是经过露天院子到达的。他的活动路线是屋子—院子—屋子—院子……而在西方建筑中活动路线则是屋子—室内走廊—屋子。不难看出，在中国传统建筑中，没有被人们称为"走廊"的那个东西（园林中的亭台廊榭的"廊"，是户外游景的场所，与西方传统建筑的室内走廊不是同一物）。

我无法评价，是中国古人聪明，还是外国古人聪明：西方人很早就想到把房间之间用内走廊连起来成为一栋，可以遮蔽风雨；而中国的祖先却把这一切置之度外，从建筑中节约掉了"走廊"成分。我当然不相信中国人居然笨到想象不出拿个走廊来连通诸多房间，而显然是中国人更喜欢这样。用室外空间做交通面积，极大地提高了建筑系数（K），最活络地使用了不花建筑材料的建筑空间——院子。更重要的是，这让人在每日活动中，从不脱离室外自然空间，院子是中国人的生活空间，不是景观。中国人最大限度地做到了天人合一。

中外祖先都够聪明啊，谁更优？我不知道。

香山饭店在平面设计上安排了许多院落并且加以组合，房子也不高，这的确是香山饭店的一个特点。不过它的各个客房，都是由西方式的内走廊加以连接的。走廊是整个建筑群的交通纽带，那些院子却是独立于建筑之外的采光井和观赏空间，而不是像中国人那样的生活空间，因而它是西方式的。大家很容易从国外的非中国的建筑中找到大量使用西方院子的实例。

从照片上可以看到香山饭店的院子周边都是窗户而不是门，跟中国传统的功能是两回事。

必须说明，贝先生不做纯中国式的院落而让客房门对着内走廊，让西式的内走廊连接所有房间，当然是完全正确的。因为这是一座饭店，入住的是来自各地的游客，而不是一家内宅，当然应当按照饭店的功能来组织平面。有必要仅为了"中国式"就让客房门开在院子里么？当然不。所以贝先生做的是对的。我想说的是，香山饭店设计了院子，它借鉴了中国味道，不过仍是西方式的。如果不把它提高到"道路"的高度，那些院子很不错。

2. 中国传统建筑的单体永远是横向构图，而群体则总是以院落在纵深方向连续（如图5）。

最简单的民居，假如只有两三间屋子，一定是横着一明两暗三开间。（如图5（a））如能有多一些间房，则一定摆成三面、四面，构成一个三合院或四合院，其每一栋从正面看都是横构图。（如图5（b））假如屋子更多一些，就会在一排房后隔一个院子建第二排，如此形成二进、三进四合院。（如图5（c)与（b)）直到庙宇、皇宫，也依然是正面横构图，群体则必定是横构图的建筑个体在纵深方向以院子相间隔地连续（如图6）。

重要的建筑个体，如金銮殿，由于进深大，体量大，在进深方向单跨不够时，会采用多排柱连续跨组成一个大殿，即使这样，它的屋脊也永远是横向的、

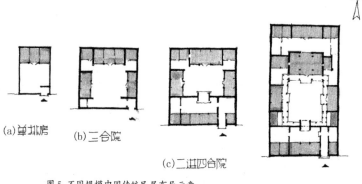

(a)单排房　(b)三合院

(c)二进四合院

图 5 不同规模中国传统民居布局示意

(d)二进四合院

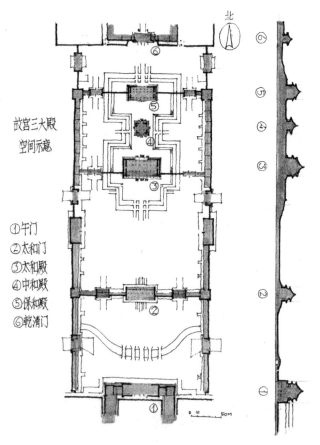

故宫三大殿
空间示意

①午门
②太和门
③太和殿
④中和殿
⑤保和殿
⑥乾清门

图 6 故宫三大殿空间示意

单一的，因此这种个体仍然是明确的横构图。近代人把古建筑称为"大屋顶"也源于此。西方建筑的纵深布置，在中国建筑中是没有的。香山饭店的总体布局，从它的布置来说，大体不是中国传统的格局，倒是与西方大量的医院、托儿所、学校、

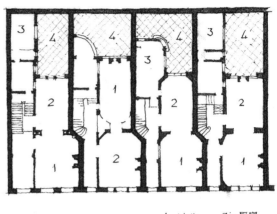

1—沙龙　　3—厨房
2—卧房　　4—院子

图7　巴黎一栋住宅的一层平面

成"工"字形"王"字形等布置的建筑群组，是更加接近的。

3. 香山饭店的园林设计手法。

中国园林设计有许多重要原则。介绍香山饭店的文章都会讲，香山饭店设计很好地吸取了中国园林的手法，笔者也想就这个问题做一些讨论。为了便于分析，我想，把中国造园与西方造园加以比较是有帮助的。以我有限的认识，我觉得东西方至少在以下诸点上很不相同，有时甚至相反。

（1）大园子与小园子。

大园：中国造园认为如果园子很大，就要避免空旷，追求温馨，大中有小，忌空寂一片，忌遥不可及，令人将游园视为畏途。如杭州西湖，湖面很大，则湖中必有"柳浪闻莺"、"三潭印月"将它们丰富起来；昆明湖大，则有龙王庙将它充实起来，十七孔桥将它隔断；颐和园长廊长达数里，就要弯弯曲曲，每隔一段设有一亭子让游者作为一停顿，绝不会把长廊做得笔直，一捅到头，因为那样人们就不敢走了。

西人造园，既然园子很大就一定要视野开阔，一望无边，尽显其辽阔，根本不在乎你是否嫌它太大、太远。看看凡尔赛是怎么布置它的大园子的。

小园：西人一定在小园当中营造出一块尽可能大的空地，以便能容多人相聚；中国在小园中则要添些障碍，让小径曲曲弯弯，不知其边界，要小中见大，不感局促。西人让你放眼便看清其规模；中国则忌讳一眼望尽，总要留些想象的余地。

香山饭店占地 45 亩，不大不小。贝先生处理时将建筑布置成多院落组合，做出了特色。先生组织的中轴线有点出乎我意料。先生从正门穿圆洞门经大堂至庭院后院设置了一条中轴线。这条轴线穿过水池直达后墙，中间没设任何遮挡，一眼望到底，而且，在中轴线的尽端居然开了一个后门。这么一来从入口到后门就一眼望穿了。这在中国造园中建筑中都是很忌讳的。先生完全可以将后门放在南墙的东角，或至少在后墙后门前面横一条二三米高的土埂（东西向的），就如同颐和园苏州河北岸的土岭一样。此土埂上栽上灌木，就可把北墙北门完全挡住，感觉上香山饭店的景深就无限宏远，香山饭店的内院与香山公园的大山就连成一体了。我观察，这样做饭店的

图 8 香山饭店平面图布局

用地不需要扩大，足够用，技术上也没有任何困难。先生为什么没有这样做，这是我不明白的，也许这一部分不是贝先生亲自做的吧（图 7）。

（2）品味。

中国人在园中，路径上追求在运动中赏景，且要步移景换，让园中有限的实体给你提供尽量多的享受。西方人园中有什么是什么，不藏不掖。

像凡尔赛那么大的大园，你沿池边走上100米，看到的也还是同一个景，要说变化，变的也仅仅是透视角度而已。

（3）借景。

中国造园明白，一园之内总不可能包揽世界，所以除在园中造景，还讲究借园外之景来丰富景观。一处小院，也要"采菊东篱下，悠然见南山"；一座楼阁就要五百里滇池奔来眼底。不但苏州的小园林努力寻找园外的一塔一亭以做借景，连颐和园那么大的皇家巨园也要借景，在园中的大多数区域都能看到西边玉泉山的山峰和两座小塔，而"湖山真意" 这个景亭更直接是为看园外远山而修的。要远看玉泉山，还有更远的燕山余脉和玉泉山与水稻田形成的倒影，故名为"湖山真意"，手法真是太高明了。西人则讲究我家的院子里不要看见别人的院子和建筑，别人也不要看见我的。一园四周都要以茂密的树林封得密不透风。法语是"sans vis a vis"，原意是"互相看不见"。中外追求真是不同。

（4）真与假，自然与人工。

中国人造园，园中最喜欢看见自然的天然的物。石头，应少加雕琢保持自然形状；池岸，最好是天然石块堆成随形岸边，最好让人觉得园中之景乃是天成。

西人在园中凡石墙、石柱、踏步、扶手、台座等等，必加雕琢。中国人尽量把假的做得像真的，人工的做得像天然的。 西人则努力把真的加工成假的：如用水体，则搞成喷泉；池岸则砌筑成几何状；草地要剪平；小灌木要栽种修剪成几何图案，有些园子连大乔木都修剪出建筑体型。中国人在园中的精心布置，是讲究其最后看不出人工雕琢的痕迹。西人则一定要让你看到人工加工的精美。

（5）建筑与室外。

西方人园中，草是草，木是木，建筑是建筑，相互是独立的，坐在古堡里观赏外面的森林池塘时，只是在窗口阳台上去望；要享受草地森林，就去草地上玩耍，去林中骑马打猎。室内室外的生活，区别是很清楚的。中国造园，则一定要将亭台楼阁组织在景中，临池诵诗，坐亭观山，建筑与山水草木紧密相关互相渗透。 苏州园林中没有一处亭廊可以与旁边的山石水木割开而不变味。

（6）景与声，人与自然。

西人造园，很少将自然的风雨蛙蝉纳入园中建筑的考虑之内，养花有花房，养鸟有鸟屋，马有马舍，牛有牛棚，人有城堡，狗有狗窝，分得清清楚楚。华人造园要讲究荷塘月色、雨打芭蕉、听檐滴水、蛙叫蝉鸣、月落乌啼、夜半钟声……人在屋中即在园中，人在园中即在山水中，在天地之间，与山水为邻，与虫鸟为友，抚琴诵书、吟诗作画，建筑与山水穿插渗透，人与自然融为一体。所以日光、月光、松涛、流水，皆在考虑之内追求之中。如果没有月光泻地，也就没有"疑是地上霜"这千古名句了；如人与花鸟分离也断不会将"处处闻啼鸟"写意成"夜来风雨声"了。中国造园境界之深，何以尽述！

如此等等，专业研究园林艺术的学者匠师当然有更丰富更高深的学问，本人不敢班门弄斧，仅就表面容易看到的以上各点来谈，也不难看出，中西造园的理念和实践，差别实在是太大了。或许因为自己是中国人吧，在这两种不同的庭园理念中，我当然更钟爱中国的。

在香山饭店的设计中，哪些地方有成功的借鉴，是否还有不足，仁者见仁，智者见智。而借鉴的多少，并不影响对一座饭店设计的评价，所以我在这方面确实只想自缄其口。

贝聿铭先生在香山饭店设计上，是花了真心血的，在布局上、立面设计上，都有许多成功的创造。让贝先生吃了亏的，实际恰恰是饭店被选定了在香山公园之内，这个选址错了。定址一错，各种问题就已成定局，已经完全没办法避免了。而选址又不是贝先生一人定的。报上登着：我国的园林界大家陈从周先生一直陪着贝聿铭先生一起选址。所以选址这个失误，除政府有关部门有责任外，是不是陈先生也难辞其咎。

仅就香山饭店的建筑设计来说，我认为是一个很好的设计。实事求是地说，如果换了别人，还未必设计得如贝聿铭先生做得那么好。不过对于下面像我这样的晚辈，固才疏学浅、水平不够，但也并不等于就不可以说出已经见到了的问题，也不等于对于一个好的设计，就不可以评论其中的不足。特别是将一个设计提到"开辟道路"的高度来评价，更要慎重；而尤其是在中国这样一个泱泱大国，改革开放伊始，有那么多人十分习惯于搞抄袭、跟潮流的状态下，就更要慎之又慎了。

从新中国成立以来，中国的建筑创作走的是一条曲曲折折的道路。我们都觉得我们没有创造出可以无愧于追随炎黄祖先的优秀作品。

问题始终在于，对建筑师施加的限制太多了，要他们遵守的戒律太多了，创造力被摧毁得太多了。我们一下子要学习苏联老大哥，要一边倒，所有西方的东西都是不好的；一下子苏联变成那个修正主义了，苏修的一切又都变成错误的了。一会儿民族形式是"四旧"，打倒孔家店；一会儿又反对崇洋媚外，大力提倡民族化。下一个潮流该是什么呢？靠得住得有"现代化"吧？怎么化？建筑师还能有点自己的主张、追求、风格什么的吗？

当前，要发展繁荣中国的建筑创作，当务之急，我看倒不一定是民族化这件事，而是解放思想，放开手脚，破除迷信，打破禁锢。我们应当结合实际，广征博集，丰富多彩，百花齐放，繁荣创作，造福人民，不能墨守过去的清规戒律。

如果一心要"统一"全部建筑师的风格和特点，企图在一个早上创造出一种成熟的包揽九州的"中国建筑形式"，其实是不切实际的幻想；脱离今天的经济现状，背离人民的现实需要，破坏祖先仅有的遗产，仅为探索"民族化"而耗资，这本身不但背离中华民族俭朴尚实的风格，而且只会使建筑界陷入更大的泥沼。我们有约 960 万平方公里土地，有 10 亿人口，尽管我们还穷，但我们每年建筑的总量，绝对值，还是相当大的。如果认为这么大的一个平台还不够我们去探索一条自己的道路，我们还要求什么条件呢？解放思想。我认为这才是最重要的。

（四）风景区开发建设却破坏风景名胜的错误做法必须严厉制止

风景区搞建设破坏了风景名胜和自然环境的，香山饭店并不是第一处，更不是唯一的一处。

祖国有许多名山大川、名胜古迹，有丰富的自然风景资源和建筑遗产。这些自然的和人工的胜境，成了国内外游人热切向往的地方。由此带来这些地方旅游事业的兴旺，但同时却又给这些地方带来了灾难。其中，建筑性破坏所造成的损失成了比拆毁性破坏更难制止的一种现象。我们稍稍到全国各风景区走走，就会发现这类破坏到现在仍在继续。

例如，杭州西湖北岸，从 50 年代起连续造了好几个旅馆，这些新造的庞然大物把西湖的北山变成了小土丘。问题并未到此结束，近来浙江省有关领导部门又选在那里的一个监狱旧址上，指定再建个 1 000 床的旅馆。据说建筑师也真的接下了，做了三个高层塔楼。杨廷宝先生看了方案后说，这几个塔式旅馆要是建起来，宝塔就成了牙签了。

例如十三朝的古都西安。古长安的市貌、街道都已无迹可寻，大小雁塔

图 9 香山饭店内景

是现在仅存的唐代建筑实物了。西安的许多建筑师作了各种保护古迹的努力，但是就在小雁塔前面，却有人盖起了一栋高层旅馆，今后，你从大街上就不能直接看见小雁塔了。

例如泰山岱庙前，在登山开始处的石牌坊前面，新建了一个旅馆，这个旅馆把登山的序曲石牌坊变成了一小玩具，整个泰山的气势布局遭到了破坏。

例如曲阜孔庙前面，正在筹备建造一个大旅馆，据说设计者的理由是这个旅馆层数不高又不是大洋楼，不影响孔庙。因此尽管有许多人反对，听说现在还是快要上马了。

又如龙门石窟前，守着石窟建了一个大旅馆，石窟对面山沟里，开辟了一个新煤矿，石窟顶上又有人建议搞绿化搞空中花园。如果这一切继续下去，绿化种树的水渗下来会加速石刻壁画的风化，对面山里的煤车煤烟不断污染，门口再加这个洋楼把门，几千年未被毁灭的国宝，也许真的要断送在这一代人手里了！

再如泰山的缆车，黄山的缆车，香山的缆车，北京天宁寺旁的二热电站，白塔寺前的副食楼、中药店，天坛附近的高层住宅，故宫西城墙外的办公大厦，香山门口的盲人化工厂，漓江上游的新化工厂、造纸厂（美其名曰"消费城市"，桂林正在变成"生产城市"）。呜呼！祖先留下的宝贵的遗产，造化给人类的有限神秀，真的不能再留给后人了吗？风景区、名胜地的这种建筑性破坏，说明当今相当一大批有关部门的领导人和工作人员，包括一些建筑师，对自然环境的保护和历史遗迹的保存还很缺乏知识，很缺乏认识。

他们以为，只要有人来看，就要在这里搞建设；他们以为，为了看孔庙，旅馆就要造在孔庙对面；他们以为，为了看龙门石窟，旅馆就要造在洞门口。为了游黄山，旅馆就要造在玉屏山莲花峰顶上；游西湖，就要把旅馆围着西湖一个接一个地建起来。只有这样，接待的游人才多，只有这样，游玩才方便。我真担心过几天高层旅馆要造进太和门里踩在中轴线上俯瞰太和殿了！

应当知道，当风景区的建筑拔地而起扶摇直上，而把风景和古迹本身贬到高楼脚下的时候，那个风景也就再无吸引力，风景、古迹本身也就被否定了。这种开发建设不是弘扬文物古迹，而是煞风景。风景文物区周围应当有足够范围的一个保护区，风景文物区内，就更不能搞新建筑，新建筑建得再好，也是对旧文物的破坏。好比说，毕加索的和平鸽画得再好，如果直接画到蒙娜丽莎的脸上，还成什么东西？这个道理真的那么难懂吗？

我们并不认为所有的古迹风景周围都是禁区，并不认为应当让前人的每一处枯树破庙断壁残垣都堵住我们建设的路，缚住我们建设的手脚，而是说建设社会主义应当既有物质文明又有精神文明。精神文明包括懂得历史、研究历史，包括了解自然、保护自然。那种毁灭历史、毁灭古代文明的民族，那种破坏自然破坏生态的做法，决不能被认为是有社会主义文明的。不久前北京锅炉厂工地的施工负责人把北魏古墓出土的罕见陶器打碎仅为了"看看里面装着什么"，像这种愚昧无知的蠢人难道也配谈"精神文明"吗？

从某种意义上说，今后，新的楼房我们可以建造千个万个，建到一百层二百层，技术上有什么不能的！但是，天底下却没有，而且永远不可能有任何人能够复活一棵烧成灰烬的古树，能够复原一个打得粉碎的古陶。不能，永远不能！毁了的就毁了。

为了不使大自然创造的奇迹在我们这一代人手里破坏，为了不使现在仅存的古代文物建筑在我们手里毁灭，我们再次呼吁，救救中华民族的文化，救救中华民族的历史，救救神州的大好河山！

1982 年稿

2012 年校

（加拿大宝佳集团顾问总建筑师）

谈中国建筑创作

贝聿铭

这几年看了不少中国的古建筑和新建筑，北京的看得更多一点。过去看过世界各地的很多建筑。我觉得建筑的发展大体上可以分成两步，首先是营造，甚至只是一个壳子，人可以在里面居住；慢慢地才能谈到建筑艺术。

现在，北京的建筑应该好好考虑这个第二步。虽然比较地说，条件并不是最好，比如经济的因素等，但我想这不是最大的困难，主要还是构思。我在香山饭店中所用的材料，若没有第一等的就用第二等甚至第三等的，但这不会影响构思。现在，尽管各地所用材料等有所不同，但有些建筑（贝先生也指《建筑学报》发表的某些新建筑设计）却都是 International Style，说它建在新加坡或别的什么地方都可以。所以材料等并不是最主要的。当然我并不是否定这些设计，可能这是一个必然的阶段。

关于香山饭店，曾同王天锡谈过几次。他写的文章还是比较客观、比较准确的。这里还需要从历史上来看一看。英国建筑，17世纪以前是学意大利的，学 Palladio 等。后来觉得不能再这样学了，要走一条新路。GEORGIAN ARCHITECTURE 是从平民建筑中发展出来的，后来有钱人家的建筑也用；所以 GEORGIAN ARCHITECTURE 至今已有近 300年，对全世界都有影响。我们中国也应该想办法创造一种建筑，有自己的特点。香山饭店也就是想借这个题目，看看从历史上、生活上、文化水准上如何在建筑上反映出来。现在，香山饭店还没有完工，再过六个月就可以看出到底是不是洋人的东西，是勉强的，还是舒服的？我的目的并不是造一个旅馆，而是找一条道路，这条道路对高楼也是有用的。下一段，我想再搞一个高楼的创作试验。伦敦于 1666 年被烧了，不得已要重新建筑，要多、要快、要省（这与中国现在面临的要求一样）。这就是机会，那时英国的文化已经发展到了很高的程度，学法国、意大利都不满意了，所以英国的民族形式从那时开始。我们大概也是这样，过去曾学过俄国的，也不满意；现在是学欧美。中国的"量"（Mass）很大，不容易变，不像日本。所以还是要自己找路子。

我想，香山饭店这条路子方向是对的，但不一定是大路，因为大路也有分岔路。大路应该是你们来开辟，也许必然要经过跟人家学的阶段。我们古老的东西很好，很美，像明陵、故宫、苏州园林等等。但是现在不能照搬，因为这同现在的生活、政治、经济、社会各方面都是矛盾的。这样做是行不通的，完全照抄就错了。但不是说不能从中学一些东西。如灰砖，我第一次是在苏州看到的，那时我生活在上海。这种灰砖与国外的不同，颜色朴素。像故宫墙脚的那种磨砖，质地非常好，我看了很感兴趣。砖已经用了几千年了，再过一千年还得用砖，因为中国这种灰砖不能放弃。

大自然如香山，多美呀！一年四季景色不同。建筑不能与自然争美，有了建筑，风景美应更加显露出来。对待大自然，中国的看法也有所不同。意大利、法国看大自然强调人工创造；英国自然一点，但风景与我们不同，是几百亩的大草地、大树林。中国喜欢自然一点，这大概与中国人谦虚的素质有关吧！中国的园林是独特的，室内外相结合，好像把一个大宇宙放在庭园中了。中国把南方的太湖石、北方的青石放到园林中，这在全世界是特有的；日本庭园的用石也与中国不同，他们是从泉水中去挑选多年冲刷过的石头。白粉墙、灰砖，有人说是南方的东西，其实北方也有。

把园林同建筑相结合，能够发展新的构思，这是我们应该鼓励、提倡的。如何下手？我没这么大信心了，还要思考、探索。明年我想来多住些时候，再看看。中国有很多研究园林的专家，但比较侧重于历史，我希望还要从创新方面进行一些研究。

（摘自 1981 年 6 期《建筑学报》）

香山饭店建筑设计座谈会

最近竣工的北京香山饭店，开始设计以来，一直受到建筑界的关注。中国建筑学会《建筑学报》编辑部为及时总结经验，推动建筑评论工作，开创建筑创作的新局面，于新年前夕，即 1982 年 12 月 29 日，召开了香山饭店设计座谈会。座谈会邀请了建筑设计、科研、旅游、管理、园林、大专院校及《世界建筑》《建筑师》等有关单位的领导、专家 30 余位同志参加。编辑部负责人张祖刚同志主持了会议。会上，北京第一服务局副局长刘际堂同志和饭店经理郭英同志首先发言，介绍了饭店筹建过程及投入使用后国内外有关人士的评价和反映。随后与会同志本着总结经验，结合实际探讨建筑理论及建筑创作问题的精神，敞开思想、畅所欲言，先后就建筑的选址、总体布局、经济效益、室内设计、庭院绿化、继承传统、建筑形式等多方面发表了许多宝贵意见。现按发言顺序摘要发表如下。

刘开济：我想从两方面谈谈自己对香山饭店的看法。

第一，香山饭店设计总的说来不失为一个很好的建筑作品。主要体现在以下几点。

①手法简洁，整体效果好，给人总印象是简洁、朴实、统一，但又有变化，不单调。建筑没有烦琐的装饰，以一个基本图形（方形）在各个部分重复运用，达到母题重复的效果，加强了人对建筑的感受，取得了和谐统一的效果。

②建筑与环境结合很好，利用了地势，房屋与庭院相互衬托，随地形而变化，步移景异，从室内外各个角度看都形成具有特色的观赏效果。以上这些优点，值得我们学习、借鉴。

贝先生在探索现代建筑与民族传统的结合上的努力是应该肯定的。虽然我对贝先生在民族形式上的体现有不同的看法，但是我认为，在探索民族形式的创作中应允许百花齐放。这里所有提出的问题，正是有待我们客观地、辩证地进行研究的课题之一。

第二，香山饭店作为中国现阶段建造的一个旅游饭店，我认为有不当之处。

①建造时间不合适——我国现阶段发展旅游业主要目的是为"四化"积累外汇，首先要有良好的经济效益。因此建造这样一座造价相当可观的饭店是不合国情、不合时宜的。

②选址不妥——对香山饭店占用古园暂且不谈。由于饭店远离市区，交通不便，店内供旅客使用的文体设施不全，难以招徕国外旅游者。

③不适当的人选——贝先生在美国建筑师中被誉为"超级明星"（superstar），近年来的设计都是"高级"的特殊建筑，聘请他设计一座以投资少、收益快为主要目标的旅游饭店，从他来说可能还是"牛刀小试"，但从我们看来，贝先生"游刃"过程中有些地方未免大手大脚。我认为"割鸡"的当初，没有必要聘用这把"牛刀"。

（北京市建筑设计院 副总建筑师）

沈继仁：我谈三点看法。

第一，与环境的关系——我认为风景区应不应该盖旅游饭店要区别对待。香山距北京近，旅客从城里一天可以往返；这个小小的风景区在北京特别可贵，到香山主要是让人看自然风景。像香山饭店这样的大建筑盖在这里不合适，不能给风景增色，反而有损于风景。而且，为这个饭店，从八里庄拉高压供电线路，从颐和园引下水道，从中关村接电话线，很费钱，是不经济的。这么大的饭店，住满了五百客人，加上五百工作人员，供应、排污对公园有污染。

第二，探索现代中国建筑道路问题——这个作品我们能接受，但是称"现代中国建筑之路"值得商榷。应允许民间的、纯洋的、古式的等各种建筑并存，要百花齐放。可以说它是成功的作品，但不要把它看成方向。香山饭店花这么多钱，不合国情，成功了也没有普遍意义。

第三，香山饭店有它独特的风格，我很喜欢这座建筑。这个风格从哪儿来的？①建筑群里贯穿了园林。饭店一进门就有园林味。十几个庭院在平面上虽不一定沟通，但实际感觉上是连通的，使人感到室内外联系在一起了。②重复利用几何图形。圆和方的多次重复，圆中有方，方中有圆，连马路灯具、楼梯栏杆、桌椅陈设都有这种重复，客人不管走到那儿，都感到自己在香山饭店。③色彩的高度统一。室外是白、灰、花岗石本色；室内是白、灰和木材的建筑。贝先生提出一座城市、一个区、一条街应当有统一的东西，而我们的城市小区、街道、建筑群，到处五花八门。香山饭店的设计手法我们可以参考。

（北京市建筑设计院建筑师）

吴观张：对香山饭店的创作还有几点提出来商榷。

第一，贝先生把建筑与庭园结合作为探索中国现代建筑之路的主导思想。这是有条件的，如果在新侨饭店原址建高层就结合不成。

第二，我国近30年建筑实践中，曾经犯过"复古主义"的错误，以后又走向"折中主义"的道路，到处采用琉璃檐，贴琉璃标签，构造复杂而不安全。香山饭店用青砖，只有专门烧制，又要求手工磨砖对缝，虽系中国古老材料和工艺，但绝非现代材料，费工费料，价钱惊人。以此作为中国现代建筑之路也是不可取的。

第三，香山饭店的设备先进、齐全，使用舒适，是好的，但是细致处由于追求"民族化"而失去了根本，追求形式牺牲功能使用也是不可取的。如餐厅的仿古硬靠椅，坐上去咯背，很不舒服；饭店的平面布局由于院落多而路线长，最远的客房到服务台近200米，对游客来说实在是苦事；四季厅很有点中国南方院子内搭的喜庆大棚的味道，但是有些大而无当，感觉过分冷清。

（北京市建筑设计院 院长、建筑师）

许屺生：听了同志们的发言我受到很大启发，现在谈谈个人一些不成熟的看法。

首先，对贝聿铭先生，作为外籍华人建筑师对祖国乡土怀有亲切的感情，愿为祖国建设事业作贡献，我们表示欢迎。贝先生设计构思比较周到，注意与公园的空间环境协调，采用低层、尽可能保留珍贵的古树，以灵活多变的中国园林式布局，形成大小不一的11个庭院空间。在探索运用中国传统建筑形式与现代化旅馆相结合方面，他做了不少工作。我认为香山饭店的建筑设计和庭院布置是好的。建筑格调高雅一致，手法简洁朴素，色调柔和宁静，形成它的独特风格。

其次，整个设计，从园林布局到建筑造型，从室内到室外，从材质质感到色彩图案，甚至细小部分如茶杯、烟碟，直到卫生间的毛巾等，无不经过仔细推敲。贝先生严谨认真、一丝不苟的工作作风值得我们学习。

第三，引进了一些新的技术，如四季庭院的大玻璃屋顶，以及各种现代化设备系统，对促进我国旅游建设事业的发展是有益的。

设计中的不足之处是：①位置距离市区较远。一般游客白天游览，晚上到市区参加各项活动和买东西不方便。位置在公园内建筑物体量较大，在一定程度上有喧宾夺主之感。②标准高，造价高，房租也高。每间客房平均建筑面积达 112 平方米，一块砌好的磨砖就要合 9 元人民币。地处山区，施工运输以及市政工程等费用都比较高。每间客房工程造价（未包括市政工程）即约合 14 万元人民币。房租平均每间每天 110 元左右。③某些具体问题还可以进一步商榷。如客房布局分散，距服务台太远；围墙大门的形式；大面积白墙等。又如作装饰的窗上小方格和竹帘有些烦琐，不易做清洗工作。自云南石林运来山石也不妥当。

（国家旅游局 总建筑师）

傅熹年： 第一，我非常同意前面几位同志的意见，这是在不合适的地方建了一座很好的建筑。所谓不合适不仅是交通不便，更主要是它破坏了香山这处古迹的原有气氛。香山自金代以来就是重要名胜古迹，乾隆时建有二十八景，是"三山"中以山林为主的名园。1860 年毁于英法联军后，只有几处劫余建筑。但原址尚可考，档案馆有原状图，近代所建低标准建筑很易清除，修复条件比圆明园为优，所费也少得多。如能逐步重建，可为首都恢复一所重要的历史名园。建了香山饭店这样一个风格色调极不同的建筑，既损害了原有的中国画式的山林风貌，也使古迹的气氛大受影响，给重建香山带来极大困难。从山岭俯视，巨大的白色建筑使山谷的尺度相对来说感觉变小了。建旅游建筑而不幸起了损害旅游资源的作用，不能不认为是件憾事。

第二，饭店设计本身确有令人耳目一新之感。设计者选择了一些他认为具有中国特色的题材、手法和材料加以改造，巧妙而适当地反复使用，在新奇中不失和谐、统一、含蓄，既给外国人以中国风格的观感，也使中国人觉得有新意，这是值得学习的。在对待传统上，设计者所追求的是"师其大意"，使之又像又不像，给人以联想的余地。当然，所选是否典型，改造是否不失其意，还与对传统建筑的理解深度和建筑修养有关，但这种做法是颇值得重视的。一座建筑，对其反映传统风格的要求也视其所在环境而异。我认为香山饭店如置于其他现代建筑群中，哪怕是在山口外侧为山上俯视所不及之处，无疑应认为是反映了一定程度的传统风格而有新意的；但置身于香山这样一个典型的中国山水画式的风景区和古迹荟萃之地，对这方面却不能不有更高的要求。

第三，园林水平较高。五区庭院叠石显得石从土中生出，建筑一角又压在石上，虽在封闭庭院中，却暗示出处于山中，效果很好。可惜主庭院微显与墙外山景脱节，如适当简化，造成截取山坡一角的效果，似可事半功倍。

（中国建筑科学研究院情报所历史室 建筑师）

王天锡：补充一点：从香山饭店设计我们究竟可以吸取些什么？我以为最主要的还是在建筑形式方面。香山饭店的设计确实想借鉴中国的建筑传统，所以它的总体布局像一个古典园林，立面划分具有唐宋之风。但与此同时，由于使用要求和材料技术的改变，它没有必要也不可能一成不变地沿袭传统形式，而是要有意识地加入一些新的手法。比如：影壁和水池都是我国传统建筑的构成部分，但在香山饭店中，在主要入口处影壁上开圆形洞是传统影壁所没有的；大厅中有流水漫出的水池倒是当代西方建筑中不难见到的。这些手法使香山饭店在传统的基调上具有新意，同时也是传统的和现代的因素之间的过渡。采光顶棚是颇为时兴的处理手法，但它的出现并不令人产生生硬的感觉。可以与之相比较的例子是在纽约大都会博物馆中再现的明轩，其材料的选用和施工的质量无可挑剔，设计的高超和意境的美妙人人称赞。但参观时经常会同时看到作为维护结构的采光顶棚及其投射在白粉墙上的影子，它们和这组传统的中国建筑总有些格格不入。原因就是明轩百分之百地依样重建，和采光顶棚之间没有丝毫共同语言。当然，明轩是博物馆内的一个展品，采光顶棚不是其组成部分，但这给了我们有益的启示。香山饭店则成功地解决了这类问题。

以传统的手法运用传统的形式，得出的必将是一个地地道道的传统建筑，这并不是我们今天的目的。我们应该认真分析一下香山饭店的设计。为什么入口大门是一个两度空间的表现？为什么主要入口部分的立面有其明显的轴线但左右两侧并非绝对对称？为什么中餐厅内部采用转角墙的处理方式而不突出表现柱子？我们也应该同样认真地对待我们自己的设计。这样做有助于更好地做到古为今用、洋为中用。

（中国建筑科学研究院设计所 建筑师）

窦以德：通过香山饭店的建筑创作，来探索一条现代中国建筑民族化的道路，这是设计人的中心意愿。应该说"民族化"问题在我国建筑界尚属正在探讨的重大课题，或者说还是个一下子扯不清的难题，贝先生能有如此立意并执著去追求，对此我表示赞赏。

从环境设计来看，中国园林建筑设计讲求"得景"、"点景"，两者缺一不可，而香山饭店则更多的是"得景"，谈不到什么"点景"，甚至煞了风景，这方面我同意一些规划专家的看法。

建筑本身除了采用多重院落空间处理外，看来主要是利用了一些"零件"来"隐喻"传神。这种手法在我们的建筑创作中也曾采用、尝试过。从香山饭店的效果看，这种做法有得有失。总的印象是室内好于室外。例如客房室内设施虽然都是现代化的，但总的效果很有中国味。窗子成了一个景框，将室外景色引入室内。我很欣赏一些走廊尽头的采光天井处理，它与结构、功能结合得很好，在空间上创造出一种"虚"的效果，沟通内外又有所对景，使人联想到传统民居的天井处理。这些包括四季厅里开有圆洞的"影壁"等，我觉得用得都不错，正可谓在于似与不似之间，使你感到还是中国的。而室外（主要是立面）的处理，诸如入口前的牌楼，硬贴的磨砖对缝的客房墙面划分，以及菱形"母题"等等，看上去使人感到不舒服。其作为中国传统建筑语言的运用，使人感到生涩、勉强，很有些生吞活剥的味道。当然类似情况室内处理也有，中餐厅据说是仿宋式，为了表现木构架花了这么大气力，看上去则有硬凑、拥塞的感觉。

（城乡建设环境保护部设计局 建筑师）

（摘自 1983 年 3 期《建筑学报》）

香山饭店与贝聿铭

曾昭奋

一

对香山饭店的评论，成为新中国成立以来建筑评论园地里最热闹的一阵锣鼓，一举打破了长期沉寂冷清的局面。香山饭店的成败得失，人们还可继续评论和争论下去，但它对建筑创作的"冲击"及其回响，则将载入中国建筑史志之中。

中国建筑师对香山饭店的反应是强烈的、外露的。学术刊物上发表的文字，较之讲堂、研究室、设计室、讨论会的长篇大论和街谈巷议来，只是较少的一部分。但这也说明，我们的学术领导机关及其主办的刊物，确是比过去稍为开放些了。我们祈望这种情况能够保持和发展下去，让有力的建筑评论工作为开创建筑创作的新局面擂鼓助威。

现在，对香山饭店的评论和所倾注的热情，已在暂自消歇。某些评论和见解（包括未见诸文字的）似乎已得到多数人的赞同——其中反映在笔者脑海中的就有：①选址错了；②正立面冷得像一座殡仪馆，而且向北，冬天里将更显得萧瑟；③几块从云南搬来的奇石，成了不光彩的负担。这三点，并不掩盖饭店的设计是高水平的，是经过深思熟虑的；而选址和到云南取石，大概也不能完全归咎于建筑师本人。值得我们注意的是，我国建筑师们关于香山饭店的评论和思考，实际上已超出"建筑"本身。它们向人们揭示了渗入到建筑创作过程中的某些权力和金钱的不良影响——其表现于香山饭店的，不是对屋顶形式或客厅里明式家具等的干涉和限制（这方面，香山饭店的设计者有着超然的自由），而是带有更深刻的含义。

为什么香山饭店会盖在静宜园中？

让我们翻开中国近代史的最初几页。1860 年 10 月，英法联军进犯北京西郊。当时的英军司令部，就设在圆明园里正大光明殿。他们在指挥抢劫、焚烧圆明园及附近市镇和其他园林的同时，还派出骑兵奔袭几十里外的香山静宜园。西郊"三山五园"一时成为几片火海。如今，"三山五园"中，除了清漪园经重修改为颐和园并在新中国成立后多次精心修整为游人开放外，就只有静宜园还挂着园匾，接待游人了（玉泉山静明园旧址未向群众开放）。然而，它的重要的一角，距园门不远处的 3 公顷地盘，现在却已被香山饭店永久占为"私"有。

为什么香山饭店能把云南石林的奇石也据为"私"有呢？本是装点江山，在其特定环境中供人们欣赏的天然奇石，却一下子成了一个小单位的"私产"和装饰品，该是多么矛盾啊！想在久负盛名、风景如画的旧园中盖饭店，36 000 平方米的庞然大物就盖起来了；想在饭店的内外庭院中点缀几块石林真品，250 多吨重的石头就万里迢迢从云南搬来了。一代名园，天下奇石，唾手可得，舍我其谁。它们本该令饭店生辉，令人们心满意足。但是，结果有人指责说，这是对有重大历史意义的古园林静宜园和对著名风景资源云南石林的一种破坏。初看似乎是香山饭店的光彩和骄傲，细想却是它的不幸和悲哀。初看似乎是匠心独运和锦上添花之举，细想却是一种歪风与邪气。事物充满了辩证法！

对于是否占有静宜园和到石林去撬石头，一般人是能够权衡取舍的。但是，既然当事者想这么做，那就可以造出一打理由，寻觅几处缝隙，把"球"踢给某一级首长。似乎这样一来，就可堵住天下人的嘴，当事者也可立于不败之地。类似的事，在北京，在外地，都不乏先例。

这类举止，在城市建设和建筑实践中，一而再地以"下不为例"而息事宁人。但是，它们在正直的建筑师和普通群众的心上却投下抹不掉的阴影。爱国主义、科学精神、艺术构思可以变成权力和金钱的奴婢。不少同志直截了当地说："有钱能使鬼推磨。"

还有人说，如果是由国内的建筑师来设计，就不会有这么优裕的条件，不会有这么优美的地盘和这么名贵的石头了。说这话的同志，有感慨之情，却无羡慕垂涎之意。"蓬牖茅椽，绳床瓦灶"，并不能扼杀建筑师们的创作才华。我倒赞赏广东建筑师们和建筑工人们的心灵手巧。他们新建筑中的庭园的一草一木，是重新设计安排的；他们庭院中的大石头小石头，是用钢筋混凝土塑造出来的。是的，应该让古树成荫的环境，留给广大群众而不是囿于新起的高墙之内；让好景奇石保持在它们所以生发的土地上，永远装点我们的大好河山。

从国外的建筑杂志和一般报章上，不断传来对香山饭店的赞美之声。《纽约时报》杂志甚至欢呼"贝聿铭重新发现了中国"。照这种口吻，我们劳动在祖国大地上的广大建筑工作者们，似乎还处在建筑艺术的混沌之中。但是，他们对于饭店之择地于名园，之取石于云南，是无法想象我们如何理解的。这件事，虽然跟历史上那种在中国起租界，或把中国的摩崖石刻、名山石佛"请"到外国去的做法不可同日而语，但毕竟是要深深触动我们的神经的。

二

甲子年仲春，春寒料峭之夜，笔者与十多位中青年建筑师同游香山静宜园旧址，欣赏香山饭店夜景。这时候，香山饭店周围及夜空一片黑暗，白天所见的正立面的屋顶部分以及东西两侧的高墙，早已隐入黑夜之中。住客很少，正面的窗口没有灯光。入口处灯火通明，由地面反射的柔和而朦胧的光线渲染着建筑物主体的前沿轮廓：矩形的入口和由矩形组成的正立面—— 一个简洁的、具雕塑感的、现代化的、毫无中国传统特色的正立面！余顾而笑曰："此乃华盛顿东馆之立面乎？"

东馆和香山，前者在美国，建成于 1978 年，建筑面积 56 000 平方米，是现代建筑在 70 年代中的杰作。后者在中国，1982 年底落成，建筑面积 36 000 平方米，被誉为对民族化的成功探索。要是它们不是出于同一作者之手，我们能够断定它们之间有着微妙的联系么？

那几天，我们正在大谈香山饭店的为建筑创作指出了一条现代化与民族化相结合的道路，甚至把它叫做建筑设计的"百科全书"。此时此地，我又开玩笑道："它这是白天民族化，夜里现代化。"

是的，香山饭店在创作中引用了一些传统的样式。白色的墙，灰色的砖，大厅前部的照壁，墙上的景窗，池上的曲桥等，都统一在现代化的总体环境中。这些做法，跟我们某些业主、某些设计师一提到民族形式就搬用大屋顶和彩画的做法相比，显然是下了一番选择弃取的功夫。贝聿铭在民族形式的多而杂的、良莠并存的仓库中只拣出他需要的部件并进行加工改造，用来充实和点缀自己的作品。

南花园中的曲水流觞，就是说明作者这种做法的一个恰当的例子。

这是一个临水的由花岗岩铺成的平台，平台上按传统图案凿了水槽，用的是晋代大书法家王羲之会稽山下"兰亭修禊"的典故，也是对静宜园中原有的流杯亭的模仿和追忆。它的存在，为花园增添了情趣，增加了文化的筹码。这里，设计者把流杯亭的柱子和顶盖全都删去，只剩下一个加大了面积的曲水平台，平台两侧安排了矮石条凳，显得简洁大方，只占地盘而不占空间。既保持了整个花园的空间完整性，又适应人来人往相当频繁的具体情况。

兰亭佳话，传之久矣。王羲之当年曲水流觞，斗酒吟诗，大抵是在山石自然布列、水草杂生的曲流边上。到了乾隆皇帝时在圆明园中仿建的兰亭，也仍然是"白玉清泉带碧萝"的环境，曲水穿行于天然石头及慈姑野草间，保持着郊野趣味。但乾隆皇帝后来在绮春园、静宜园、南海、潭柘寺和乾隆花园所建的流杯亭，却一律是僵硬程式的亭子，完全成了皇家玩物而失去了天然韵味。现在回头看看这里的"曲水流觞"，假如它采取较自然的方式，而不是目前这种方整溜平的平台，则更能引起人们的兴趣，更能与这里由天然湖石和弯曲多姿的水体所形成的环境相协调，也更接近于它的历史原型。然而，设计者在这里没有袭用程式亭子的手法，这仍不失是一种创新。

作为对比，我们看看长城饭店（1984年）的做法。长城饭店是我国第一个采用镜面玻璃外墙的大规模现代化高级饭店。它的共享大厅中也建了一个流杯亭。它是一个程式化的流杯亭的复制品。在这个空间构图、细部装修、环境气氛和人物情调完全现代化的豪华大厅中，孤立地安排这红柱、彩画、蓝琉璃瓦攒尖的亭子，虽然会引起客人的兴趣，却不是这个特殊环境中的有机组成部分。它在这里的价值，充其量只像一个花瓶、一件假古董一样，可有可无，为摆设而摆设，为传统而传统。而且施工质量，尤其是彩画的质量，显得十分粗糙、夹生。虽然可以不计工钱，但它那费尽了力气而仍然显得马虎、凑合的木作和彩画说明这种手工业传统做法已唤不起人们的创作热情和劳动热情，今不如昔就是必然的了。也许，把亭子的顶子掀掉，把柱子锯剩几个高低不一的半截，再让它出现在这个有顶盖、有水池的室内大厅中，会更得体一些。

通过这么一对流觞曲水、有亭无亭的对比，我们可以看到不同的设计者运用传统形式的不同态度和手法。搬来整个流杯亭，不如只要它的曲水平台。在贝聿铭的笔下，是"此处无亭胜有亭"，他表现得更为高明，更为超脱。而在长城饭店中，那亭子却只是花钱多而不讨好的装饰品，远不是深思熟虑的创作成果。

对香山饭店的评论已经够多了。我们总觉得，假如贝聿铭在香山饭店中更淋漓尽致地发挥他"现代"的特长，那么香山饭店就会取得比目前更高的成就。贝聿铭在香山饭店之前及之后所作的两个设计，就完全不受传统的羁绊，而使自己处于挥洒自如、左右逢源的最佳创作状态。

1978 年落成的华盛顿国立美术馆东馆，并没有表现出欧洲移民或北美土著民族的建筑传统，与周围原有的建筑物相比呈现着全新的与众不同的独特风格。除了高度受到限制（应低于 34 米，设计结果是 36.6 米）、与原有美术馆保持必要的联系、外墙面采用与广场对面的航天航空博物馆（1976年建成）相似的石料外，其余的一切都成为建筑师可以自由驰骋的领域。三角形的平面，刀刃似的外墙角，互相穿插的室内空间，以至于人流和展品的安排，都表现着建筑创作的主动性和创新精神。它以自己特有的建筑形象和环境气氛积极地调动着观众的思想活动和艺术鉴赏过程。而香山饭店的创作，由于受传统的约束和限制，情况就大大不如东馆了。在香山饭店里，当人们看到"传统"时，常常会发问："这像什么？""这像不像呢？"评价和鉴赏活动十分简单，要求也低，好似只要看出来觉得"像"，也就满足了。对传统形式的模仿和搬用，至多只能使艺术停留在原先的水平，而无法引领人们登上美感的新的峰巅。今年 2 月，贝聿铭推出了巴黎卢浮宫地下宫方案，再一次表明了他对待传统的态度。

这次设计由法国总统密特朗亲自点将，贝聿铭又一次在没有任何竞争对手的情况下进行创作。弄得不好，建筑师会在卢浮宫前丢丑，会在法国人民面前丢丑。贝聿铭说："当密特朗总统交代任务时，我并不那么有把握我将会拿出什么样的东西。我要求给我 3 个月的时间去思考，而不拿出方案。"他又说："卢浮宫不是一座普通的博物馆。它是一座宫殿。如何做到不触动不损害它，既充满生气、有吸引力，又要尊重历史？"如今，出现在人们面前的方案，是一座只在地上露出金字塔形采光井的地下宫。建筑师和他的方案表现出来的谦虚态度和甘于埋没自己的创作构思终于出奇制胜。它没有重现法兰西建筑的传统模式，也不企图与卢浮宫试比高下。有人对此不以为然。《费加罗报》在一批读者中征询意见，据说有 90% 的人虽然赞成创新，但反对用金字塔的形式。

已经动工兴建的这座地下宫建筑面积7万余平方米，包括人口大厅、剧场、餐厅、商店、文物仓库、仓库和停车场。金字塔是人口大厅的天然光采光顶棚。它的一边是大门，其余三边另安排三个小金字塔，由三角形水池和喷泉连成整体。宝石般的大金字塔的四个底边各长32米，底面积只有所在庭院面积的1/30；高20米，是卢浮宫正立面高度的1/3（用电脑绘出的分析图表明：这个体量和高度使在香榭丽舍大街上的行人能大体看清它，但从杜勒里花园中看，它却又不显得过分高大抢眼）。这种做法，正表现了作者对卢浮宫及原有环境的尊重，不挤压它，不压倒它，但也不模仿它。他让传统留在原处，留给自己的是创作上的难题，但也留下了更多的自由。与此相对比，我们认为，贝聿铭在香山饭店的创作中虽然强调了传统，却表现了对传统留下来的环境的不够尊重，也使他创作的自由少了许多。

旧的传统，对建筑师的创作来说，并不是鲜花与美酒，更不是什么终南捷径。它对你可能是一种束缚，一种限制，会使你从当代人民生活生产活动中获取的创作灵感和设计技巧陷于枯萎。贝聿铭并不如此。他的大量作品，都是他建立在现代基础上的灵感和技巧得到高度发挥的成果，常用常新。

上述所举三个例子，都是举世瞩目的作品，分别出现或即将出现在三个大国的首都。贝聿铭在华盛顿不谈传统，在巴黎不谈传统，在北京却大谈传统。这表现他对生他育他的祖国有一份特殊的感情，但似乎也只是为了投合一部分同胞的口味。

贝聿铭先生对中国建筑传统有自己的爱好和理解。但毕竟由于去国日久，而且就他的修养和技巧来说，汉民族建筑传统已不是他的所长，而是他的所短。他是格罗皮乌斯的高足、研究生。格氏曾经说过："当贝聿铭跟我讨论中国建筑艺术的诸多问题时，他告诉我，他力求避免把过去时代的中国模式以一种较为肤浅的方式用到（新设计的）公共建筑中来。我们企图寻找一种方式，它既能够表达中国建筑的特点，又不是对过去时代形式的模仿。"这位现代大师和他的嫡传弟子，并不排斥传统，但决不肤浅地理解它。可惜，他们在这方面的理论探索和实践不多。但就贝聿铭已取得的成就来看，我们更喜欢他那些没有"传统"的作品。当他运用"现代"武器的时候，他几乎攻无不克，战绩纷呈；小试一下传统样式，也许只是在当今世界建筑潮流中赶一次浪头而已。贝聿铭心中的上帝是"现代"，"传统"不过是他一时使唤的奴仆。他的这种态度是可取的。

（摘自《城市批评——北京卷》.文化艺术出版社.2002年1月）

以新思维品读 "在可能条件下注意美观"

——建筑方针的关切点在当今创作实践中的参照意义

布正伟

> 一个词语，一句话，在不同的
> 语境中，会传达出不同的指义，
> 从而给我们带来始料不及的新
> 鲜感受……
> ——笔者速记：《闪念与顿悟》

一、从感悟"有灵魂的建筑"自然想到十四字建筑方针

这两年，我利用设计之余的时间，系统地重温了彭一刚先生的建筑美学思想和徐中先生的建筑美学理论，并结合他们的建筑作品，进行了认真思考，写了两篇学习心得——《彭一刚先生的建筑美学思想与创作实践》（《建筑学报》2011 年第 11 期）和《徐中的建筑美学研究及其价值、影响、启示》（《建筑学报》 2012 年第 5 期）。今年是我大学毕业 50 周年，这应看做是老学生"复习功课"吧！

在这个复习过程中，我想得最多的是，这两位老师的作品为什么能经得起时间的考验？是什么原因，让他们的代表作今天看上去仍然令人回味，令人尊敬？我得到的答案很简单：那是因为他们在建筑创作中，都能抓住建筑的"灵魂"，这个"灵魂"就是建筑的"品格"，而恰恰就是这个"品格"，是和他们精心且又独特地处理建筑中"美观"要素与其他要素之间的关系紧密相联的。换而言之，他们所创造的"建筑美"，是和适用、经济，乃至环境、人性等炼就在一起的！

这让我想到那些"失去灵魂而只有躯壳的建筑"，任凭它们的外表怎么捌饬、怎么显摆，又附上怎么漂亮的说词，到头来，还是会让人不屑一顾。

教育家们说过，没有灵魂的人就是行尸走肉。大概是因为时不时地总会看到"行尸走肉式的新建筑"的缘故吧，所以，我的这样一种感悟就特别沉重，也正是在这种挥之不去的触动中，我情不自禁地进入到了对"适用、经济、在可能条件下注意美观"建筑方针的重新思考。

二、建筑方针的传承要先读懂"在可能条件下注意美观"

建筑方针是在新中国成立初期，针对当时我们忽视经济原则和适用原则，片面追求形式而造成铺张浪费的严重情况提出来的，酝酿于 1952 年，确立于 1955 年。然而，当我们从当今视界去潜心体察和分析时，建筑方针却仍然具有传承、弘扬的必然性缘由。

这个思想转弯的过程，既需要我们具备洞察中国当代真实设计现状的敏锐目光，又需要我们抛弃想当然认为十四字建筑方针"已失去时代意义"的主观臆断。出于这样的想法，我已用心给《建筑学报》写了一篇题为《朴实无华，耐人寻思，意义非凡》的专稿，就建筑方针好在哪里和如何传承的问题，与同人们共同切磋、探讨（见《建筑学报》2013 年第 1 期）。要传承建筑方针，就得要先读懂"在可能条件下注意美观"。本来，这是一句在提示中带有警示意味的话，很平实，也很容易让人、特别是现在的中青年建筑师不以为然。这也难怪，由于建筑方针是在 20 世纪 50 年代国家经济技术相当落后的社会背景下产生的，因而，对"在可能条件下注意美观"的理解，便不免会产生各种各样的想法，譬如：认为这种提法把建筑师对美的追求看得太简单了，这岂不是把建筑艺术创作只看成是设计好建筑外观就行了吗？这样讲条件地去注意美观，会不会让建筑师在设计时得过且过呢？再有，难道条件差的地方，建筑艺术水平就只好原地踏步啦？"可能条件"倒底是指什么，是不是等经济发展、技术进步以后，对建筑美观的考虑，就用不着再这么缩手缩脚了？如此等等。

由此看来，建筑方针的传承，是绕不开如何去认识建筑方针的关切点的。那么在当今建筑语境下，我们究竟该如何去读懂"在可能条件下注意美观"呢？

三、从新时期看"在可能条件下注意美观"的参照意义

用新思维来品读"在可能条件下注意美观"，就是将建筑方针的这一关

切点置于当今的建筑语境中，去分析它语义内涵的深化和拓展，并从中寻求对当今建筑创作实践确有的重要参照意义。

（一）"在可能条件下注意美观"蕴涵着"皮之不存，毛将焉附"的老哲理

在新中国成立之初的 20 世纪 50 年代，建筑创作中的问题就出在对"美观"的认识和态度上：复古主义、形式主义不仅劳民伤财，而且也与建筑艺术的发展规律背道而驰。半个多世纪过去了，如今对建筑美的追求，在全国范围内，则又出现了远远超出我们想象力的种种盲动之举。

后现代文化所包含的叛逆、混沌、包容等特质，以及各种艺术思潮的推波助澜和信息网络化的强势传播，都把建筑中"美的表现"推到了疾风暴雨中的浪尖上。抢占建筑形象高地的运动，让"美观要素"成了建筑创作中经常产生负面影响、甚至带来严重损害的"麻烦因素"。由此可见，就建筑创作实践的指导原则而言，仅仅单纯列出"适用、经济、美观"三个建筑要素，并不能解开建筑创作中的主要矛盾之结。

建筑方针表述结构突出"在可能条件下注意美观"这一关切点的重要意义，就在于它开诚布公地揭开了美观要素与其他建筑要素或建筑因素之间的关系之"谜"——作为建筑精神层面的美观要素虽不可缺失，但它却是依附于建筑物质层面的诸多要素或因素之上的，这正如"皮之不存，毛将焉附"所说的一样：美观之"毛"，是长在合目的性的物质化生活空间环境之"皮"上的，而且，只有"好皮"才能长出"好毛"来。花心走眼，把"做假的毛"粘在"糟糕的皮"上，这正是我们当今习以为常的建筑之痛！"在可能条件下注意美观"所蕴涵的这个老哲理告诉我们，即使在进入新世纪已十多年的今天，还是把这十四字建筑方针的关切点铭记在心上为好。

（二）"在可能条件下注意美观"就要从根儿上去尊重建筑艺术手段的特性

建筑方针中所说的"美观"是通俗易懂的提法，较真去理解，就是指建筑给人带来的"美的观感"——它综合了人在生理、心理、情感与精神各个方面的审美感受。因而，从建筑美学来看，建筑方针中的"美观"包括了建筑在物质创造中的"生活美"，在精神创造中的"艺术美"，以及将这两种美在建筑整体中融合起来的"形式美"。

从建筑美学原理来分析，建筑方针中所指的"可能条件"，最根本的一点就是，不能违背建筑艺术表现手段的特殊规定性。诚如建筑界老前辈徐中先生在其建筑美学研究中曾经强调的那样："建筑中客观的美（在此

临沂市北城新区行政中心

是指建筑中的生活美——作者注）的创造，在于实用地、经济地、合目的地运用建筑材料、建筑构件，组合起能满足人们物质生活上要求的空间。而建筑艺术的美是利用这个建筑空间组合来作为艺术表现的主要手段（或者说媒介），把艺术意图形象地表现出来，两种美也就在这里结合起来，统一起来。" 徐中先生告诫我们："不要歪曲而是要利用建筑空间组合来做建筑艺术表现……说'利用'，就是要在这些特性和规律的作用下，在它们的可能条件下，能动地加以这样或那样的组合，综合建筑的各个方面，使它达到完美的境地。" （参见拙作《徐中的建筑美学研究及其价值、影响、启示》，《建筑学报》．2012 年第 5 期．）

事实上，企图把"建筑"当作摆在桌子上的"手工艺品"来对待，肆意妄为地去做建筑根本接纳不了的所谓艺术表现，这不仅歪曲了建筑艺术表现手段的特性，而且也完全丧失了以"真善美"为信念的建筑伦理道德。自 2010 年以来，《畅言网》每年举办的"丑陋建筑" 网络评选再好不过地说明了，只要是沾上"以假掩真，弃善利己，视怪为美"的边儿，建筑美的创造就没有不被扭曲、不被糟踏的。

（三）"在可能条件下注意美观"正是观察建筑展示舞台上真功夫的大看点

建筑方针中"在可能条件下注意美观" 的表述，为我们提供了鉴别建筑作品品质的追寻思路和思辨空间，因而，面对眼花缭乱的建筑展示舞台，我们也就可以有足够的自信——从"在可能条件下注意美观"的"警示"

指向中，我们自然就应该去顺藤摸瓜，寻根问底，探个究竟了。

即使是拿"大腕"的建筑作品来说，也都回避不了那些应该加以审视的基本问题：建筑作品中"美观要素"的表现意图，是在正常条件还是在异常条件下实现的？它与其他建筑要素或设计条件有着怎样的关联？吸引眼球的形式亮点与解决工程中的设计难点之间，有没有什么必然的内在联系？是不是单纯为了视觉刺激而大做文章？吸引眼球的做法给工程带来了哪些麻烦，哪些包袱？为此要付出怎样的代价？从建筑本身和城市建设的不同角度分别去看，这种追求和付出，又得到了多少或多大实际价值意义的回报和补偿？等等。诸如此类的质疑，都绝不是小题大做，故意找碴儿，因为这是每一个有责任感的成熟建筑师都应该交上的一份答卷。

尽管外在形式是鉴赏建筑作品时获得第一印象极为重要的媒介，但如果对建筑美的追求和"吸引眼球"的做法，在其形式特征生成的逻辑性上本末倒置，或者强拉硬扯，那就免不了会让人用刻薄的网络语言，去作出很不好听的判断：像这样"吸引眼球的创新"，无非就是想在建筑表演的大舞台上"混个脸儿"罢了！

（四）"在可能条件下注意美观"是鉴别"说做分家"游戏玩法的一面明镜

在全球化的今天，世界各国都生活在生态危机、能源危机和经济危机的阴影之中，在这样严酷的现实境况下，十四字建筑方针更彰显了它具有普世价值意义的本色。在新历史时期，十四字建筑方针当随可持续发展战略目标。我们现在经常念叨的"生态、环保、低碳、节能"等等，都是我们为实现可持续发展战略目标而提出的策略和理念，不仅与建筑方针关切点中的"可能条件"直接关联，而且对如何去认识和把握"美观"这一建筑要素，也都产生了错综复杂的深刻影响。应该说，"可持续发展"已成为我们当今建筑创作中首要考虑的方向性问题。

然而，实际情况往往是说得积极，做得消极，甚至是说一套做一套——说做分家。只要用"在可能条件下注意美观"这面镜子去照一下，大家就不难发现，包括大师、明星在内的不少设计操作，从一开始就是先搞和"节能、低碳、生态"根本不沾边，甚至反其道而行之的"大动作""大手术"，然后再把木已成舟的"超大成本、巨大浪费、傻大包袱"用各种小手法去遮遮掩掩地粉饰起来，并煞有介事地去讲各种分析：怎么遮阳、怎么通风、怎么绿色、怎么共生……毫不夸张地说，这种忽悠人的"说做分家"的游戏玩法，不只是在许多国内外建筑投标方案评审中见到，

临沂市北城新区行政中心一景

就是在已建成的重量级建筑中，也有不少是由这种游戏玩法而生变来的。中国当代建筑的发展，虽然令世界印象深刻，但那多半是指轰轰烈烈的"大干快上"和建筑时装的"百花齐放"。就跟进可持续发展战略目标的大趋势而言，我们不仅没有什么资本，而且还成了"资源严重浪费的大国"。由此看来，在激烈的设计竞争中，有力地抵制"耗资源，拼形象"的错误思想，认真地杜绝对"可持续发展"设计理念说一套做一套的错误做法，这也是我们在传承建筑方针中要认真面对的责无旁贷的工作任务。

（五）"在可能条件下注意美观"是避免空谈真正回归创作本源的共同起点

"适用、经济、在可能条件下注意美观"的建筑方针已载入史册，它是中国现代建筑史上拨乱反正、返璞归真、极有价值的建筑文化遗产。时至今日，它所具有的两个重要作用显得更加宝贵：一是"警示"作用——即使是在国家富强、创作环境宽松的情况下，我们在"建筑美"的创造中，也不得忘乎所以，为所欲为，应该牢记建筑中美观要素是不可挤压其他要素而孤芳自赏、压倒一切的；二是"激励"作用，建筑方针既没有添加任何政治色彩的东西，也没有暗示有关形式、风格、流派的各种取向，因而，我们对建筑中各个要素、各种条件的权衡，对建筑美观所包含的生活美、艺术美、形式美的考量，乃至对价值创造的取向，对建筑创意的确立，都是有着相对制约条件下的充分自由的。

我们谈论"回归本体""立足本土""去浮戒躁"已经很久了，大家呼吁"平民建筑""公民建筑""普世价值的建筑"也为时不短，时至今日，

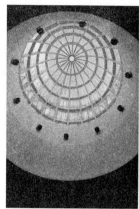

室内天然采光效果

之所以仍不如人意，恐怕还是因为停留在空谈上多了一些。其中，夸大建筑创作中"原创性"的意义与作用，就起到了误导设计内功方向的负面作用。因而我想，以新思维去看待"在可能条件下注意美观"，并把建筑方针的这一关切点，作为我们实实在在去努力的共同起点，这乃是我们为践行"去浮戒躁、回归本体、扎实设计"而首先应该去做的事情。在重温建筑方针的这一段日子里，我同时也在反省自己，过去在设计中有没有偏离"在可能条件下注意美观"的方向？哪些地方出现了浪费或后遗症？为什么没有能做好或做得更好？这样的反省让我想到，即使自己已高龄了，但在继续做设计工作时，还是应该和现在的青年建筑师们一样，把建筑方针的关切点当作今后不懈努力的共同起点。在我看来，这样去想，这样去做，既不跌份，也不虚伪，因为在今后开拓进取的创作实践中，建筑方针中的这句警示之言——"在可能条件下注意美观"，不仅可以进一步增强我们的历史责任感，而且也会不断地激发我们应对各种设计难点的智慧与灵感……

结语

"在可能条件下注意美观"是十四字建筑方针的关切点所在，读懂它在当今建筑语境下所具有的重要参照意义，必将使我们建筑创作的思想境界和设计技巧上升到一个更加成熟、更加完美的高度，进而使我们真正能投入到谱写

临沂市北城新区行政中心一角

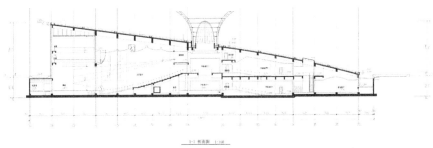

剖面图

中国现代建筑可持续发展的新篇章中来。可以期待，十四字建筑方针的传承，将使我们在这个功德无量的建筑事业进程中，扎根本土，尽情创造，快乐收获。

2012.12.14.凌晨定稿于北京山水文园

（中房集团建筑设计有限公司资深总建筑师）

谈本土建筑

崔 愷

我这几年不断提到的一个词，叫"本土设计"。每次谈到这个话题，我就会想到吴良镛先生 1995 年在北京世界建筑师大会上做的"北京宪章"中的一段内容。在宣言中他反思了上个世纪世界建筑发展当中的一些倾向，谈到建筑技术与生产方式的全球化带来了人与传统地域空间的分离，地域文化的多样性和特色逐渐衰微、消失。城市和建筑物的标准化和商品化致使建筑特色逐渐隐退，建筑文化和城市文化出现逐渐趋同现象和特色危机。

由于建筑形式的精神意义植根于文化传统，建筑学问题和发展应该植根于本国本区域的土壤，必须结合自身的实际情况，发现问题的本质，从而总结出积极的解决办法。以此为基础，吸收外来文化的精华，并加以整合，最终建立一个和而不同的人类社会。在这样一个纲领指导下，结合对自己数年设计实践的总结，我认为本土设计是以自然和人文环境资源基础为本的建筑性策略。它应该是一种文化价值观，它需要的是一种本土文化的自觉，它提倡社会的思考，反对浮夸的、以吸引眼球为目的的形式主义和时尚追风。它承担的是对人均环境的长久责任，反对急功近利；它主张的是立足本土文化的创新，反对保守倒退；它追求的是保持和延续不同地域环境的建筑特色，反对千篇一律和模仿平庸。

在今天快速的城市化发展当中，我们时刻面临城市特色逐渐衰微的危机，面临大多数人越来越关注所谓的标志性建筑的误区，而建筑和土地、建筑和城市的地域特色之间的关系，往往容易被忽略。虽然本土设计作为一种比较宽泛的设计策略或者是态度而没有强硬的规范，但实际上在我们今天的城市建设活动过程当中，在很多建筑师的创作活动实际操作当中，它往往是容易被忽略的。

结合我们自己的设计实践，我们也在想，对于土地的诠释，不仅仅是自然的土壤，而应该是反映自然环境的信息，更饱含着人类历史的资源。所以在每一次设计当中，我们都会面对这样一些资料，无论是在自然的风景区当中，还是在城市的历史阶梯当中，还是在一个有民族特色的环境当中，所有这些东西都让我们看到，应该从一个更广的视角看到土地所蕴涵的丰富价值。

在设计当中往往我们很多的设计工作都结束在交付设计图纸时。而真正要想成就比较好的、有一定质量的建筑，实际上全过程的服务是非常重要的。所以我们提出要全面地培育和跟踪，对全过程进行配合和控制。我并不想说我自己20年来的成绩有多么好，但是我由衷地希望我们的建筑是对环境友好的，是反映人文精神的，是延续文化脉络的，是具有地方特色的。这些是我们所追求的目标，但是从建筑本身的艺术性和高完成度来讲，我们还差得很远。

我要求我的研究生去回访我过去十几年来做完的项目，因为往往很多建筑师都认为，项目最好的结果就是获奖，就是一些漂亮的照片和堆砌的文字。这些建筑实际发生了什么，在使用当中出现了什么问题，大家往往都不愿意去回顾，也不想花精力去解决。我们当今社会对于建筑的尊重，对于建筑文化的尊重，有些时候是不够的。当然有些时候，我们的设计本身，对特定的社会环境的分析也欠妥。所以我们做这样的一种回访，实际上是看到我们自己的建筑在使用当中出现的问题，找出原因，调整策略，为了下一次工作而积累经验。所以对我来讲，这样的一个服务才是全过程。

（根据2012年11月3日在华南理工大学学术演讲录音整理而成，未经本人审阅）

（中国工程院院士、全国工程勘察设计大师，中国建筑设计研究院副院长、总建筑师）

建筑反差美

叶廷芳

性质相反或形象殊异的两个事物构成审美效应是根据哲学上的二元对立的命题而成立的。所以,追求反差美的文学、艺术作品在现代主义兴起以前就存在了。例如在欧洲,在巴洛克审美风尚流行的中欧、南欧地区,这种作品早在17世纪就涌现出来了。在《流浪汉》小说中,身份卑微而心智高超的"流浪汉"总是与身份高贵却行为愚蠢的人物周旋在一起,难怪在《堂吉诃德》中那位又高又瘦的堂吉诃德先生偏偏与又矮又胖的桑丘·潘沙形影不离。后来的浪漫主义继承了这股遗风,于是,在雨果的笔下,我们看到了那位美丽非凡的女主角艾丝米拉达又偏偏与那位奇丑无比而心地善良的男主角卡西莫多难解难分。在绘画中,反差美则是崇高与卑下、圣爱与俗爱、美景与废墟、黑与白等等并置于一图。早期印象派画家马奈有一幅题为《野外的早餐》的名画—— 衣冠楚楚的男士们与一位一丝不挂的裸女一起席地而坐。不过这类现象那时多半见之于文学和美术作品中,在建筑中虽然也能举出一些例子,但那都不是出自同一作者(建筑师)的统一构思。例如圣彼得大教堂的主体建筑是古典式,而内部的主要装饰出自贝尔尼尼之手,是巴洛克式的;主体建筑与其大门前的巴洛克椭圆形广场(亦为贝尔尼尼设计)也形成不同风格并置的景象。再看法国的凡尔赛宫,它的主体建筑是古典主义的,但它的后花园布局以及某些内部装饰,尤其是华丽的镜廊却是巴洛克式的。这类现象在当时是"违规"的,只是欧洲古典主义的官方总代表路易十四偶尔也未能经受住巴洛克这位"泼辣美女"的诱惑才发生这样个别的事例。但从20世纪以来,特别是二战以后的"后现代"思潮兴起以来,建筑中追求二元反差美学效应的现象就频频出现,并日见其多了!

较早进入人们视野的这类建筑，当推立于柏林市中心的那座新旧并立而又风格迥异的威廉皇帝纪念教堂。这本来是 19 世纪末威廉皇帝二世为纪念其父威廉一世而建造的，近似于哥特风格的新浪漫主义建筑，高 113 米，二战中毁于战火。战后，即 1957 年，人们想按原样修复它，但承担设计的建筑师埃冈·埃伊尔曼却没有铲除废墟，也没有按原样重建，而是聪明地保留了它所剩的 71 米高的主体残躯，作为战争的警示。同时，在它的一侧新建了一座几乎与它等高的多边形的筒式建筑与之并立，作为新教堂的象征；另一侧再建一座 20 来米高的空荡荡的大厅作为功能性的教堂，用作信徒们祈祷——这一设计鲜明地反映出新时代的建筑理念。尽管起初它充满了争议，但后来越来越受到赞誉。

另一个事例发生在 20 余年后的法国首都巴黎。美籍华裔建筑师贝聿铭应法国总统密特朗之邀负责卢浮宫扩建工程的设计。贝氏几度奔赴巴黎，考察场地，并反复琢磨：如何在这三面古典建筑环抱的有限空间内插入一座新的建筑？他最后决定以反差的美学原理处理这一空间难题，即把功能性建筑引入地下，地上只建造一个入口，从而最大限度地控制住了新建筑对古典建筑的挤压，而且门面建筑采用钢骨玻璃结构，排除砖石、水泥等建筑材料，这就虚化了建筑的物质性，最大限度地保持了固有空间的广度和亮度。其门面采用的金字塔造型更是一个天才灵感的产物：金字塔乃埃及古文明的象征，而卢浮宫内就藏有丰富的来自埃及的古文物。这一造型体现出了重要内涵。

然而，正像文学艺术史上任何一种新的审美现象刚刚出现时，几乎都伴随一阵大喊大叫一样，贝氏玻璃金字塔以及上世纪 70 年代诞生的蓬皮杜艺术文化中心也不例外。但是，凡是天才智慧的产物往往都具有征服力，故随着时间的推移，束缚着多数人的审美惰性渐渐地被化解了，而变成一片叫好声！

君不见十几年前，当北京国家大剧院的设计方案刚公布时，也立即爆发了激烈的争吵，甚至有数以百计的专家学者（其中包括 49 名院士）联名上书中共中央，试图依靠行政力量来推翻这一业经专家评审委员会通过的设计方案。他们反对的主要理由是指责该设计与人民大会堂和天安门等建筑"不协调"！可惜，这些在自己的专业领域学富五车的知识里手，却在现代审美领域失语了！殊不知，欣赏现代艺术或建筑，不仅需要知识，还需要实践和体验。我说过：一个经常接触现代艺术的出租车司机和一个很少涉猎这一领域的科学院院士，在对同一件现代艺术作品或建筑发表意见的时候，我相信前者的见解可能比后者要在理！

是的，在传统的审美概念里，特别是按照欧洲古典主义的美学原理，"协调"是一条重要的原则。但如前所说，这条原则早在17世纪就被突破了！20世纪以来，"不对称"更成了现代美学理论的一条新的原则。这是1970年分别在罗马和威尼斯举行的两次跨学科的国际学术会议上得出的共识。难怪，国家大剧院的设计者安德鲁曾强调："我要的就是一条弧线！"很清楚，他追求的就是一座没有棱没有角、与周围建筑"不争不吵"而形成"反差"的建筑，以避免跟"有棱有角"的人民大会堂、天安门等建筑去争锋。因此安德鲁的这一条"弧线"，实际上成了两个不同时代、不同建筑理念的分界线。从现代建筑学角度去看，安德鲁用这一条"弧线"，也就是用反差的美学原理来处理人民大会堂和天安门附近的空间难题，是可取的，它体现了建筑学在"后现代"语境中形成的一个新的理念，即"对话意识"：首先，在态度上，它既尊重古人或他人的既定存在，同时也不掩盖自己的时代标记和价值取向；其次，在行动上，它对前人或他人在体量、高度和色彩上不采取"争"的架势，而表现出"让"的姿态。上世纪末德国科隆大教堂近旁新建的一座二层楼的艺术博物馆，就是这种精神的体现；近年来我国诞生的奥运体育场"鸟巢"身边低矮的"水立方"游泳馆，也是设计师自觉之所为。

在国际上，所谓"后现代"建筑的最新表现是一股"嵌入式"建筑思潮的兴起，即在传统建筑中插入一座风格与原建筑毫不相干的新建筑：有的从外面"开膛嵌入"，有的则从"腹中撑开"。前者如伦敦的维多利亚与阿尔伯特博物馆；后者如柏林新改建的德国国会大厦中的议会厅及其楼顶耀眼的"玻璃罩"。这类现象在小型建筑改造中更不乏其例，近年来笔者在中欧一些国家如德、奥、瑞士等国就目击过不少。在我们国家，这样的建筑如今也不少见。如北京大学燕南园56号，原是一幢教授别墅，在保持外观不变的前提下，现在被改造成一座明亮、别致而实用的艺术学院的办公楼，用的就是"挖腹换脏"式手法，广受好评。现在，北京古城内许多有年头的住宅或四合院的改建，采用的也都是这种方法。

（著名学者、作家，中国社会科学研究院 研究员）

失去爱的建筑

——读《爱情的珍珠》有感

郭卫兵

《爱情的珍珠》[1]是英国作者 H.G. 威尔斯用优美的文字记述的一个印度寓言,作者在文章的开头写到:"《爱情的珍珠》究竟是一则最残忍的故事,抑或仅仅是一篇关于美之永恒的精致寓言,这个世代延续的争论,凭我自己的力量也无法判断孰是孰非。"我想,这也许是作者在哲学层面上追问人生的意义。这是一篇关于爱的故事,但贯穿始终的却是"建造"。建筑师读了它,也许触动心灵的还有关于建筑的话题。

故事的梗概是这样的:在印度北方,一位年轻的国王全身心地爱着美丽的王后,但他们的爱情只持续了一年半的光景,王后就因为一次意外去世了。国王痛不欲生,用镶嵌着宝石的石椁将王后的遗体装殓,并做了一个重大决定:从今以后,国王请人代他治理国家,而他本人"将毕其余生,竭尽全力,用他的全部资金,用尽所有归他支配的财富去修一座建筑,纪念他那位无与伦比、温柔可爱的心上人。这个建筑应该尽善尽美,比现有的和未来的一切建筑都更加辉煌,它落成以后将成为一个奇迹"。这个建筑命名为"爱情的珍珠"。

年轻的国王怀着对王后的爱,尽力去修建着一个精致的建筑。起初建造的是一个亭子,下面安放着王后的棺椁。"在那里可以远眺幽谷,面对群山上开阔的雪景。亭子周围用奇特可爱的宝石做立柱,还有雕刻得巧夺天工的围墙,上面有尖尖的立角和圆顶,如同钻石一般,精美绝伦。"在这段描述中,我们感到年轻的国王深深爱着逝去的王后,但以他当时的心智还没有能力去建造一座真正意义上的伟大建筑。慢慢地,国王感觉这个建筑显得过于精密,没有腾飞的走势。国王的想象力不断增强,

---

[1]《爱情的珍珠》文章见《读者丛书系列》之《爱的故事》,兰州,甘肃人民出版社出版。

此刻的他已不再是深爱着年轻王后的翩翩少年，他一心只想着"爱情的珍珠"这座建筑。于是他不断地改进、不断地建造。

国王已成长为一名"建筑师"了！"逐年的努力使他研究了修建拱门、墙壁和飞檐的种种新方法，研究了上百种石料、上百种色彩和上百种效果，他的色彩感觉更高雅、更冷静……现在他寻求的是碧空般的蓝色，是朦胧玄妙的阴影，是出人意料的一束乳白光芒，微泛紫色，他在追求恢弘开阔的胜境。他对雕刻、装饰、镶嵌以及所有小心翼翼弄出来的东西都厌腻了。"人们惊叹着"爱情的珍珠"这壮丽无比的建筑，赞美着这爱情创造的奇迹。此刻的国王不愧为一个优秀的建筑师，他会时常伫立在那里，从专业的角度审视他伟大的作品。终于有一天他发现有一处地方——他深爱的王后的棺椁破坏了这座建筑连贯起伏的空间和线条，国王沉思良久终于开口说："把这个东西搬走吧"。

我心中想象的这座美轮美奂的建筑随着这消失的爱一下子变得混沌模糊了。这座因爱而得以成就的建筑，在它最美丽的时刻失去了爱。作为一名建筑师，这让我们思考建筑的意义是什么，仅仅是成就建筑师的艺术梦想吗？仅仅是居住的机器吗？仅仅是为了一道人为的风景吗？看来都不完全，建筑的意义应是包含在建筑之中的那份爱。当今社会，建筑服务的对象越来越复杂，评价的标准也越来越多元，但爱却是永恒的话题，建造充满爱的建筑应是全社会为之努力的方向。

建筑师一定是爱自己设计的建筑的，因为这是他的梦想。因此建筑师常常把建筑比作自己的孩子，爱和兴趣是做好建筑的重要前提，但也应该注意一点：做建筑师更需要成熟的心智。就像国王在起初建造"爱情的珍珠"时虽然倾注了全身心的爱和精力，但以青年时期的国王心智还不足以建造出伟大的作品，所以，客观地讲，建筑师的爱和热情需要时间的磨砺、成熟的心态才能成就伟大的建筑梦想，所以建筑师应将这份对职业的热爱融入到对人类、自然的博爱之中，这样的作品才是包含着爱的建筑。爱是情感，包括乡情、恋情以及对未来的美好希冀，而这些情感就是人类文化的重要组成部分，所以建筑的情感源于文化。这样看来，建筑里的爱就不那么虚幻了。

反观当下，很多建筑师只顾在建筑中宣泄自己的内心欲望，有的则只是对形式的追求，忽视大众情感，不顾历史文脉，破坏自然法则，这样的建筑里一定缺乏了爱。即使针对那些在建筑艺术层面上较优秀的建筑，也应该在"爱"的层面上追问一句。近期参观了一座博物馆，建筑空间丰富，与场地关系良好，但在参观过程中，感受最深的只是博物馆的建筑空间，而容易忽视或在设计中就忽视了博物馆本身的展示功能。如果建筑不能很好地为功能服务，那么，再富创造力的建筑空间也便失去了根本，爱就是建筑的根本。

开发商一定是爱自己花费大量金钱建造的建筑的，因为它可以产生巨大的利润。他们为了塑造品牌，争取更大的财富，集合了建筑策划、建筑设计等各方面的力量，使出各种招数赢得市场，打出"至尊享受"、"传世之作"等诱人的口号，呈现出了五花八门的诸如欧陆风情、地中海风格等建筑表情。但在这样的繁荣表象下，一方面，建筑的粗制滥造和偷工减料危害着公众利益，更可怕的是社会对建筑的价值观发生了扭曲，以洋为美、以怪为美，平和温良的建筑被视作没有创造性，建筑师的才智被开发商绑架了。因此，在中国建筑大发展时期，建筑文化的繁荣进步却被大量建造拖了后腿，为此我们付出了惨重代价。

政府决策者一定是爱他决策建设的建筑的，因为这是政绩。因此，中国的政府办公建筑不仅成为一种模式，更因其霸气的表情、豪华的装修、文化的缺失而广受诟病。在政府投资的文化类建筑创作中，政府官员在建筑设计上表现出特别浓厚的兴趣，往往以文化的名义高谈阔论，不知所云。显然官方主导文化比学界精英文化强势得多，建筑师要么遍体鳞伤，要么不知不觉地被绑架，不得不从讲政治的思维角度出发，在这个本来可以创作建筑精品的机会面前败下阵来。

这样看来，中国的建筑似乎不缺少爱，但梦想、利润、政绩让建筑的爱变得不再单纯。由此可见，在多元化的建筑当下，让爱回归建筑需要怎样的努力，要经历多少艰辛。

（河北省建筑设计研究院有限责任公司副院长、总建筑师）

由"特事特办"到丧失话语权

韩冬青

建筑师现在大多都有一种心态:"建筑设计是携镣铐而起舞。""起舞"是自己的愿望,但是"镣铐"非常多。如果以量来论的话,建筑师的行业可谓实践多而反思少,行多于思。如果以速度论,则是动作快而思考慢。建筑师的手脚行动得比脑子快,还来不及想清楚就要做一个设计的判断,还没有来得及做一个设计的判断,就已经开始施工。这就是建筑界现在风行南北的"特事特办",大江南北都是在"特事特办"。

这种状态会越来越让社会质疑,建筑学到底是一个什么样的学科?这个学科还能不能够成立?如果可以这样,也可以那样,"特事特办"都成为一种常态,那么建筑学这个学科原来所遵循的那些规律便都可有可无了。如果建筑师们不警醒这个问题,则永远都不可能获得话语权。或者说,让你讲,你也不知道该讲什么了,就是会自觉地失语。历来,相比社会上其他行业和学科,建筑学在进取方面有一种后滞性。建筑学科内部甚至存在着一种不以为耻、反以为荣的沾沾自喜的心态,那就是普遍缺乏对于这个学科科学性的充分认知。所以,我们不以算不清账而耻,而以此为荣,大多数建筑师都拼命想证明自己数学不够好。

这一点我们可以从一个现象当中发现,就是建筑教育当中的基础课程。几乎所有院校的建筑教育中的基础课程,都要比其他课程边缘化,而几乎所有的国民建筑学的培养方案都会把结构、设备、物理定位为专业主干课程。但是在教师和学生的心中,这些课程从来都没有被放到主干上面来看待。我觉得,好像现代建筑在中国这么多年来,只剩下一个形式。它的社会学意义和科技进步意义,是从来没有被证实过的。

换个角度看,我们再拿一个建筑学的人非常耳熟能详的词——"空间"

来说。"空间"这个词几乎被很多建筑师认为是学科特有的词,其实这个词也不是原发在建筑学领域。在中国建筑学领域的传播过程当中,这个词要大大滞后于艺术领域。美学大师宗白华先生在 1926 年到 1928 年期间一个关于艺术学的演讲当中有这么一段话:"由自由空间中割出若干小空间而又联络若干小空间而成一大空间之艺术,故建筑为制造空间之艺术,最初之目的为应用,由此来表达其理想。"而我们建筑学领域内涉及空间概念的学科领域中,最早萌发"空间"这个词是上世纪 30 年代以后的事,而学界开始普遍知道的一些公共事件是上世纪 60 年代冯纪忠先生的空间原理,做到一半被批判。后来一直到上世纪 80 年代,空间才作为教材当中的必备内容,被广泛列入中国建筑学的学科教育当中。

从专业里面最关键的这些术语来看,建筑学在吸收相关学科的贡献方面,反应一直比较慢。但是有一个词一直甚嚣尘上——"风格"。正是"风格"这个词,使建筑学整个丧失话语权。"风格"这个词,源于艺术风格学、艺术史学,从"风格"为关键词来解析艺术史这个领域。建筑学所涉及的设计的复杂性,是不可以用风格来概括的,它甚至不是建筑设计的基本问题。但是,风格恰恰正是门内和门外进行接触的一个通道。专业领域和非专业领域交流建筑学,或者交流建筑设计,差不多都可以在风格上面来形成一种共同的话语氛围。那么,如果这个词语仅仅用在跟外界的交流上,并无可厚非。但如果将"风格"这个词作为专业领域内的一种学问来研究,那么问题就非常大了。

实际上有很多的学者早就已经指出,如果仅仅用风格来理解建筑学,就会必然陷入一种表面而虚无的形式之中。实际上风格是跟随着样式一个个时代去走的,如果当下的建筑设计基本方法和规律不是跟着样式走,那"风格"这个词就必须停止其影响。如果不能摆脱风格这样一种思考问题的方式,建筑师就不可能获得我们这个专业所应该拥有的自律性,也谈不上话语权。

(东南大学建筑学院副院长、教授)

建筑师的社会责任

鲁　萌

我们的城市规划理论与建筑创作的实践，一直以来，主要以社会需要，并且其中主要是以风格及建筑形式作为我们的主导思路。这些都只是一个浅层的形式问题。而深层次的问题，就是我们如何能够在我们的创作中，保持我们民族固有的文化内涵，同时又能吸收外来的文化与技术，也包括国外城市发展过程中得到的经验教训，形成一种多元化的发展模式。

如何传承文化？对于文化，既要保持本土文化的特色，同时又要吸收、借鉴外来文化，开拓思路，形成一种多元文化的环境，才能更有利于专业的创作和发展。科技与信息化的迅猛发展及全球一体化的加速，使得我们必须更加有效率地适应这种多元文化及多极发展的新的社会格局。一方面，地方文化、传统文化、东西方文化之间，有着完全不同的内涵，但同时，却又有某种意义上的融合，是一个矛盾的共生体。同时，我们也困惑于如何保护民族文化及吸收外来文化并接受其冲击。即在处理好传统文化的继承发展的同时，结合现代文化及外来文化进行创新，并把它运用到我们的建筑创作中去，使得我们的建筑作品真正能够成为传承民族文化、传播外来文化的一个载体。在多元文化的比较、发展和完善中进一步认识我们自己，博采众长，兼收并蓄，并把它运用在我们的城市发展及环境保护中。

城市规划的目的，是为了使整体城市具有有效的及可持续发展的动力，核心意义就是提高土地的价值及土地使用效率，并且一定要使城市的发展与城市的自然环境相融合。一个城市的发展，是以保护环境并且与环境相融合为前提的。同时，城市环境与文化内涵，承载着一个城市的历史及文脉。因此，保护环境，也就意味着保护城市本身发展所固有的城市个性特征及发展特点。同时，城市也是一个开放的、动态的空间系统，各种因素互相影响及作用。因此，城市规划，就是要对城市发展目标、空间布局、土地整理及各项建设的综合布局统一考虑，统筹安排。这也就必然要求我们城市规划师、建筑师对于城市的建设和发展做到深思熟虑。在保护古迹、城市文脉的基础上，传承和发展城市的历史文化，明确城市建设和发展的文化基调，并形成新老建筑在风格上的协调与对话。强调历史文化的延续，是为了使城市发展更富有活力，同时也更富有文化的底蕴，层次丰富，脉络连续。

作为成熟的建筑师，在把自己的创作作品演绎、发展成为现实作品的同时，也需要营造一个良好的沟通和交流环境，并且要有一定的包容性，把自己作品的社会价值体现出来，才能产生一定的社会效益，并对社会有所回馈。同时，一个成熟的建筑设计师，通过自己的实践和积累，也应该体会到：建筑历史文化的发展，也是一个民族文明发展历程的积累和体现，历史的古迹以及文脉，作为特殊的文化载体，凝固和传承了各个时期的文明及城市演变的轨迹，也沉淀了各个时期的历史发展特征及其文化属性。并且，城市的发展变化，也应该具有其独特的历史底蕴和风貌特色。因此，我们在城市设计、景观规划及建筑设计的同时，更应该注意到我们是否充分地表现了城市自身所具有的独特风格，在空间上是否体现了我们通常所提到的人文主义的特性，是否承载了我们城市的历史风貌，使得我们具有的典型的文化特征、地域风情具有了更广泛的内涵。

建筑师的责任宏观上讲是社会责任，具体讲是职业标准的要求。首先，社会责任要求我们应该知道如何能够使建筑融入社会服务体系，融合于环境发展当中，为社会服务并创造效益，并同时营造一个良好的人与自然共生的生态环境。同时，建筑师的职业标准也要求我们运用自己的技术手段，为社会发展服务，创造宜人的空间环境，使创作的作品服务社会，融入环境，引领文化，并成为传承建筑文化发展的载体，同时展示整个城市发展的历史。

成熟的建筑师，无论做什么项目，首先要清晰认识到自己在社会中的角色及责任。有两个基本素质很重要，一个是在创作中不断调整自己，并发现问题；另一个就是在发现问题的同时，纠正并逐步完善创作。设计作品也就是设计人生，也是我们设计师对于生活的感悟和认知的一个过程。同时，建筑师的视野也应该是多元化的，需要有一定的积累和沉淀。同时，他需要有更广袤的包容性，也使得自己的作品更能经得起时间的推敲和检验。所以，我们更需要静下心来做实事，才能出真正的精美的艺术品。而好的作品不仅需要精雕细琢，并且还需要整个创作团队的默契配合。

最后，设计作品的社会生命力，除了好的构思和创意和一个完善的设计质量保证体系外，能够贯彻执行也是一个好的设计作品能够最终实现的关键。并且，任何好的设计作品，除了主创设计师的优秀品质及独具特色的创意外，更需要一个优秀团队的默契配合和支持，才得以真正地落到实处。因此，这更是集体智慧的结晶。

案例说明：天津海河堤岸景观工程，中段滨水殿堂节点部分。体现恢弘的气势。案例借鉴俄罗斯圣彼得堡的夏宫——利用层叠的草坡、跌水、主题喷泉、雕塑及营造空间序列的涌泉，来打造一个欧式风情的景观园林，同时也衬托出作为背景的天津城市副中心主题建筑的创意中心的恢弘气势，是中西文化的融合，并结合天津的历史文化特色——商埠文化，租界文化，运河文化，打造东方的塞纳河——天津海河。

（加拿大宝佳集团副总建筑师兼市场运营部总经理）

人文底蕴与品牌生态链

——谈工业设计的创作与经营

贾 伟

设计者和经营者本身就是两种对立的身份，因为艺术性和商业性很难在同一件作品中得到体现。艺术设计需要用心去感悟，需要静下心来创作；而如何将设计产业作出品牌，做强做大，却不能仅仅依靠内心的宁静和温和，还需要有对行业内商机的敏锐的洞察力。当一个人身兼这两种身份的时候，就需要在其中取得一个平衡。

一、设计作品的文化诉求

无论美学还是科技，都不是设计所服务的唯一方面。如果一个设计仅仅为美学和科技服务，那它还不能称作是一个立体的设计。其实和艺术本身类似，一项设计工作应该同时包含艺术与人文的内容，同时传达一种思想和精神，这样的设计才不会显得突兀，才可以在设计者、观赏者和作品之间产生共鸣。设计本身是诸多社会元素的载体，当一个社会之中，艺术、文化和经济的底蕴都足够承揽这种诉求时，它们就能将设计的高度推动到浪尖上，通过作品表达对人、自然、生活的热爱和追求。作为设计师，重要的是要综合运用经济、艺术、人文、科技各方面的手段，使设计变得立体、丰满、充实。

在当今我国设计界中，充斥着一味地追求欧美设计风格的风潮，而对于中国本土文化深度的挖掘，却一直趋于停滞或者肤浅的表面化，这种盲目的模仿不可不谓是一种短视。因为对于那些别人探求了数十年的艺术风格，我们所能做的充其量只能是延续，而不是创造。

中国的设计界缺乏的是一种带有自我文化特征的设计路线，一种博大精深的、属于东方的设计哲学。东方文化本身是非常含蓄的，兼具有谦卑、优雅、无为的大气的特征。这种文化满载对自然与人的关系的认知，天地人之间的和谐，阴阳的和谐。它是一种共生的文化，是人文的，而不是人本的，人生活在这样一个文化宇宙体系之内，仅仅扮演其中的一个单体。

这种文化由于它的内敛而更难为人所把握，所以也很少有设计师能够成功地抓住精髓。同样是对于一些东方文化符号的幻化，在不同的设计师手中效果则截然不同。然而设计就像挖井，最初往往看不到希望，但只要肯慢慢挖掘，最终会得到甘泉。

二、品牌需要一条生态链

目前国内大多数的设计公司走的都是工作室模式，这就与设计公司企业化道路有着本质的区别。或许小型的工作室可以通过一位很知名的设计师带动而迅速发展，但一个有着明确设计分工和设计流程的企业，则更有利于品牌的打造。在品牌之下，设计的作品更具竞争力和凝聚力，也更容易产生出品牌的创新，包括最基础的产品功能创新、基于人们需求的审美创新、品牌的体验创新以及基于品牌的商业模式创新。

为了打造品牌创新的核心竞争力，我们更倾向于建造基于品牌自身的生态链。只有拥有了一个健全的生态链系统，品牌的发展才能实现一个健康稳定的良性循环，才能不断从自身的经历当中吸取经验不断前进。如果要做一个比喻的话，品牌创新需要一个适合它的大环境，在这片大环境当中，从泥土、草籽、空气和水，再到牧场和羊群，缺一不可。

一个企业本身也需要一条合理的生态链，这主要是基于以下几个层面：首先，对于工业设计公司，我们会从产品的功能和基于这个功能的使用层面和美学层面，构建一个比较好的形象；然后我们的交互和软件设计公司再给客户做基于品牌的体验层面和提升层面的生态链；我们的品牌公司会给客户做品牌和商业模式的创新，让这个品牌在商业层面上遵循商业规律，让更多的消费者认知，并提升它在商业层面的价值；再有就是我们还有一个顾问层面，就是以我的名字命名的"贾伟设计顾问"，会给品牌一个相对长久的、三到五年的设计战略和创新策略，给产品三到五年的规划和产品定位等等。

综合以上这些方面，把它揉成一个品牌的生态链，真正的品牌需要自身有一个良性的生态链，包括传达给受众的品牌定位和感受，包括品牌赋予产品的气息。如果一个品牌的生态链不完整的话，我认为这个品牌会很脆弱，就像一个人不仅要有事业还要有家庭，不仅要有智慧还要有很好的身体，不仅要有远见还要有实干的精神一样。

（洛可可设计集团董事长、工业设计红点奖获得者）

寻找建筑设计中理论的价值

刘方磊

受到哲学与艺术的很多影响，建筑设计的理论其实可以很高深很玄妙。但在实际工作中，又存在着理论和实践较为脱节的情况，总是使人有些困惑。究其原因，大概是现实中涉及的因素比起理论层面要多很多。同时现实世界有诸多障碍是无法靠思想逾越的。

那我们需要理论指导么？又或许我们应该选择什么样的理论呢？哲学与艺术本身的特点决定其带有很强的思辨与反叛性。本身就有很多相互矛盾与对立的观点。

比如一次方程的线性的"结构主义"这个非常具有建筑感觉的哲学名词，涉及的哲学观点非常复杂，并且广泛影响了多门学科，是典型的跨界思考。但"结构主义"对应的建筑典型案例是哪个呢？"结构主义"的目的就是试图使人文科学和社会科学也能像自然科学一样达到精确化、科学化的水平。

N 次方程（$N>1$）的非线性的"形态学"同样涉及并影响了多门学科。其观点远比一次方程的线性的"结构主义"要复杂得多。

可以说，"线性"是"非线性"当 $N=1$ 时的特例。就仿佛欧几里得几何是包括"椭圆几何"（黎曼几何）与"双曲线几何"（罗氏几何）的"非欧几何"的特例。

当我们对"结构主义"以及"欧式几何"尚且没有全盘掌握与熟练运用的时候，"形态学"与"非线性"以及"非欧几何"又若隐若现闪烁着智慧的光芒与未来呼唤。这着实令我们处于兴奋与困惑相交织的纠结之中。

一方面，建筑的经典四要素"适用""坚固""美观"以及"经济"是建筑的评价标准。因建筑具备极强的实体物质属性，建筑材料的革命无疑是缓慢的。未来的材料还未出现，而所有建筑材料均呈现出"尺有所短，寸有所长"的特征。另一方面，建筑的艺术及人文属性在响应着"未来"与"传统"的双重召唤。"美观"所涉及的标准绝对带有极强的"非线性"特征，可能是"集体无意识"与"个体无意识"的复杂叠加。

宇宙生命以及自然山河均是"形态学"的范畴。其轮廓及细节毫无例外地没有直线的一次方程，是 N 次方程。一次方程存在于理想状态的书本中。起初人们总结出理想柏拉图体，同时柏拉图也以其《理想国》及"柏拉图式的爱情"为人们描绘美好图画。人们认为非现实世界的存在具备了某些"神性"，可以永恒以及不朽。

我们目前大量的建筑均是简单线性的，当然也并非是理想的柏拉图体。这更多的是从现实出发，以建筑三要素及经济性为缘由而建成的。现实中的要素是在某一层面的复杂，但在另一些层面可能有意无意回避着一些问题。但这就是现实。当然，建筑也是由决定者的"美观"感觉这一非线性因素决定的。建筑绝对是现实主义的产物。所有的建筑理论基础都是现实主义。可能建筑的理论在指导实践中显得无力而附会。究其根本，建筑不是独立的艺术，但是我们依然呼吁与渴望理论，毕竟我们不希望没有思想。设计的逻辑及手法均应是思想的延伸。建筑师需要理论，哪怕与现实没有交叉。

选择理论，哪怕是自相矛盾，哪怕是不成体系。但当一门学科没有理论支持和引导时，那它就无法被称为独立学科。它更无法在精神层面引导大众以及服务大众。只有"形而下"的技术与技巧，没有"形而上"的思想与思考，建筑设计则无法达到哲学层面的境界。理论与实践相互作用、相互映射与纠偏而带动行业整体前进，应该是任何一个行业共同的规律。

"线性意味着系统的简单性，但自然现象就其本质来说，都是复杂的，非线性的。所幸的是，自然界中的许多现象都可以在一定程度上近似为线性。传统的物理学和自然学就是为各种现象建立线性模型，并取得了巨大的成功。但随着人类对自然界中各种复杂现象的深入研究，越来越多的非线性现象开始进入人类的视野。"

2012-12-12

（北京市建筑设计研究院有限公司 1A4 工作室室主任）

关于旧城改造损害历史建筑的立法缺失

陈　伟

一、立法缺失——中国历史建筑保护法落后的根源

曾获联合国教科文组织遗产保护委员会颁发的"2003年亚太地区文化遗产保护杰出成就奖"，被誉为"古城守望者"的著名学者阮仪三先生多次强调，在建筑和城市遗产保护的立法观念方面，我们中国是全世界最最落后的。阮先生的话没有错，中国目前在这方面的法律，确实有诸多与我们这个历史悠久的千年文明古国极不相称的缺失。从历史上看，早在新中国成立初期，就有过毕生从事中国古代建筑的研究和建筑教育事业、中国科学史事业的开拓者，著名的建筑学家和建筑教育家梁思成先生力保北京旧城墙而不得的遗憾。而时至今日，在中国的大地上，推土机依旧在"拆掉旧城建新城"的发展模式引导下，慢慢碾过我们已经越来越稀有的古城、古建筑。代之而起的，则是一座座外人眼里毫无特色，平庸至极的新城、新建筑。

一位德国汉学家曾经在中国某高等学府的讲座中展示自己拍摄的中国古建筑照片，泪流满面地告诉听讲者这些古建筑中的绝大多数，已经变成了现代的高楼大厦。讲座结束，那位德国朋友与慕名前往听讲的笔者进行了短暂的交流，当他得知笔者的法律职业背景之后，直截了当地批评中国历史建筑保护相关法律的落后，并敦促笔者投身相关法律的研究，把这项工作当成自己的事业。

笔者对相关法律的思考，应该是从那时开始的。作为一个中国的法律人，对自己国家这些珍贵历史文化遗产保护相关法律的研究，竟然要源于外国友人的要求，笔者为此感到汗颜。但往好的方面想，不管是怎样开始的，只要开始了，就比没有开始要强。

从那时算起，笔者关注中国的相关法律状况已经有些日子了，重点自然是我国法律在这个领域的缺失，而立法上的缺失，应该是中国历史建筑法律体系整体落后的根源所在。

二、国家立法机关相关立法的保护缺失

在历史建筑保护的立法方面，中国目前的最大缺失应该是全国人民代表大会以及全国人民代表大会常务委员会在立法机关层次上，根本就未颁布一部专门的国家级法律。如果一定要查究相关的法律渊源，最高层次的法律条文应该是在《中华人民共和国文物保护法》和《中华人民共和国城市规划法》中。

从内容上看，以上两部法律中与历史建筑保护相关的条文少得可怜，在《中华人民共和国文物保护法》中，没有对保护历史建筑作出专门规定，与历史建筑保护能沾上边的内容，似乎是第三十条规定给予行政处罚行为的第一款："（一）刻划、涂污或者损坏国家保护的文物尚不严重的，或者损毁依照本法第九条规定设立的文物保护单位标志的，由公安部门或者文物所在单位处以罚款或者责令赔偿损失。"还有第三十一条规定要依法追究刑事责任行为的第三款："（三）故意破坏国家保护的珍贵文物或者名胜古迹的。"分析这两个条文的法律意义，都不是关于如何主动保护历史建筑积极法条，而仅仅是关于处罚对历史建筑破坏相关行为的消极法条，显然达不到真正意义的历史建筑保护法律的标准。

与《中华人民共和国文物保护法》相比，《中华人民共和国城市规划法》更谈不上有跟历史建筑相关的内容。从标题上看，《中华人民共和国城市规划法》中稍稍有些关联的内容应该是在关于规定"城市新区开发和旧区改建"的第三章，但如果细看条文，会发现仅在第二十五条提及"城市新区开发应当具备水资源、能源、交通、防灾等建设条件，并应当避开地下矿藏、地下文物古迹。"这样的规定，对于未出土的文物古迹或许有用，但对我们身边的历史建筑而言，应该说根本无关。这就意味着，具有国家最高效力的城市规划法律，在城市新区开发和旧区改建的规定上，对于怎样保护历史建筑没有任何实际限制。

显然，以上两部国家立法机关颁布的法律中，对历史建筑的保护，仅限于破坏后的处罚，而在实际操作中，这样的处罚内容应该很难应用于旧城改造带来的历史建筑破坏行为。这是因为，由旧城改造对历史建筑的破坏首先不可能是《中华人民共和国文物保护法》第三十条第一款规定的通常由个人实施的一般性破坏行为；而作为要追究刑事责任的《中华人民共和国文物保护法》第三十一条规定要依法追究刑事责任行为的第三款规定，则由于旧城改造本身是政府行为，由此给历史建筑造成破坏的个人和单位，所做的一切都有"尚方宝剑"作为依据，根本无法认定实施破坏行为的个人或单位在主观上是"故意"的。有了这一条理由，《中华人民共和国文物保护法》第三十一条第三款的规定，对于那些以旧城改造名义对历史建筑造成最为严重的实际破坏的行为而言，可以说是形同虚设，没有任何意义。而在《中华人民共和国刑法》分则第四节《妨害文物管理罪》中，得到实施的几乎是针对偷盗、倒卖、走私等人员的犯罪条款，与房地产开发密切相关的故意损毁文物罪、故意损毁名胜古迹罪、过失损毁文物罪等罪名，也正是因为上述原因，则在司法实践中基本见不到。

通过以上分析，我们应该可以得出这样的结论，中国历史建筑保护法律的落后，根源在于最高层次立法的缺失。

三、国家级行政法规的保护缺失

我国与历史建筑保护相关的国家级行政法规，主要是国务院颁布的《中华人民共和国文物保护法实施条例》和国家文物局发布的《中华人民共和国文物保护法实施细则》。但从标题上看，已经非常明确地反映出两个法规与《中华人民共和国文物保护法》之间的密切依存联系，这就意味着，这两部法规在历史建筑保护这一点上，很难避免受到《中华人民共和国文物保护法》立法缺失的负面影响。

具体分析两部行政法规的内容，国务院颁布的《中华人民共和国文物保护法实施条例》第二章，题目就是《不可移动文物》，可以说是相当直接地指向了历史建筑保护。细看具体的条文规定，也有着与历史建筑保护相关的许多具体措施。因此，该条例应该是历史建筑保护的重要法律依据，对历史建筑保护的积极意义不可忽视。

国家文物局发布的《中华人民共和国文物保护法实施细则》与《中华人民共和国文物保护法实施条例》相比，主要的区别似乎是《细则》更侧重于文物部门的具体工作，对历史建筑保护的积极意义当然也应该予以肯定。但是，由于两部行政法规的是植根于《中华人民共和国文物保护法》，又由于《中华人民共和国文物保护法》本身缺少控制因旧城改造导致损害历史建筑的内容，因此，在如何保护历史建筑使之免受旧城改造带来的破坏方面，两部国家级的行政法规也同样没有提供可行的法律依据。在这种情况下，我们就不得不面对中国这个千年文明古国不仅没有一部专门的《历史建筑保护法》，而且连一个能在全国范围内阻止旧城改造破坏历史建筑的行为上起到实际作用的法律条文都没有的尴尬现实。

四、地方法规的保护缺失

讨论中国省级以下地方法规在历史建筑保护方面的缺失，难度不大，我国江南某市发布了一个《历史建筑保护办法》，第一章就开宗明义告诉我们："为加强对历史文化街区和历史建筑的保护，继承优秀历史文化遗产，促进城市建设与社会文化协调发展，根据《中华人民共和国文物保护法》《中华人民共和国城市规划法》《XX省历史文化名城保护条例》等法律、法规的规定，结合本市实际，制定本办法。"

即使不看后面的内容，只要看看其所依据的两部国家级法律，已经可以猜到这个《办法》很难在防止旧城改造对历史建筑的破坏上有所作为。而当笔者专门查看过《办法》所依据的《XX省历史文化名城保护条例》之后，发现该《条例》的重点，在于如何在本省范围内更多地规划"历史文化名城"，目的似乎更侧重于得到"历史文化名城"在国家政策方面的优惠，而对规划之后如何防止历史建筑受到损害并没有什么规定。

《办法》依据的法律中没有相应的措施，《办法》本身也就没有什么实际内容，把重点放在了明确相关管理机构上，而对于这些机构如何进行合作，如何进行有效的管理，则找不到什么条文性规定。

笔者能够查到的地方法规当中，保护历史建筑最有力度的应该是某市文化局的《文物行政执法职权》，其中对破坏历史建筑的行为作出了非常有针对性的规定，而有些规定甚至明显指向根据规划进行旧城改造破坏历史建筑的行为，确实令笔者眼前一亮。只可惜，纵观整个法规，执法机关对于破坏行为除责令改正，没收非法所得，没收工具和罚款之外，没有其他措施。且不论文物局本身是否具有足够的强制手段行使上述执法职权，即使这样的处罚措施真能实施，对于破坏者来说，所受到的处罚与可能得到的利益相比，从风险评估的角度分析根本不值得一提，这在客观上必然会助长从事破坏历史建筑以及其他历史文物相关非法活动分子的侥幸心理。

最强的保护都有这样的局限，其他的地方法规自然更加乏善可陈。

五、结论

通过以上分析，我们已经知道：中国没有一部专门的《历史建筑保护法》；而在其他法律法规当中，也基本没有针对历史建筑这一不可移动文物特点的特殊保护规定；即使在针对性相对较强的地方法规当中，可行的措施也根本不足以防止破坏历史建筑的行为；最糟糕的是，针对旧城改造可能造成的历史建筑破坏，现行法律法规的限制作用基本可以归零。现实如此，说中国历史建筑保护法落后，应该是切中时弊的忠言。

笔者认为，中国历史建筑保护法之所以落后，主要是立法观念落后。从中央到地方的相关法律规定看，似乎只要规划了文物保护单位，设立了管理机构，再做些处罚性规定，历史建筑保护就已经够了，至于相关规定是否能够有效实施以及能否涵盖所有对历史建筑破坏的行为，则没有得到足够的关注。

从道理上说，立法观念如此落后，应该是相关立法落后的原因，与法律本身没有关联，而立法观念落后的原因，是我们国家在这个领域的人才缺失，也就是说，我们根本没有足够的法律人才投入来保障历史建筑的立法与实施。在这种情况下，中国历史建筑保护的相关法律如果能达到世界先进水平，反倒会是怪事。所以，改变中国历史建筑保护法律落后局面的首要工作，应该是相关法律人才队伍的建设。

至于中国历史建筑保护法律本身应该如何改进，作为前辈的阮仪三先生已经在许多场合列举过若干成功的外国立法先例。笔者以为，许多西方国家在这个领域的立法已经有百年历史，内容不断完善而且行之有效，因而，"它山之石可以攻玉"的说法在这个领域完全适用，笔者自己只需从法律人的专业角度分析现行法律法规的缺失，对于具体应该如何立法，反倒不必过多置喙了。

（北京工商大学法学系副教授）

张艺谋·王澍·莫言

刘 建

2012 年使尘封已久的《红高粱》重新回到了人们的视线之中，时光已经过去了 24 年，因其成名已久的张艺谋、巩俐、姜文已经不是当年的二十几岁的青年，诺贝尔文学奖为《红高粱》的原著作者莫言画上一个圆满的句号。不知收到张艺谋祝福的莫言在看到当年四人的合影时还能否回忆起当年的点点滴滴。1988 年至 2012 年这 24 年不仅见证了中国艺术的发展，更见证了国际社会对其逐渐的认知和影响。1988 年电影《红高粱》获第三十八届西柏林国际电影节最佳故事片金熊奖，这是中国第一部走出国门并荣获国际 A 级电影节大奖的影片。2012 年建筑的普利兹克奖第一次颁发给中国建筑师王澍，同年 10 月份诺贝尔文学奖第一次颁发给中国作家莫言。

相对于电影，建筑和文学的获奖姗姗来迟。对比获奖者的年龄来看，张艺谋获奖时 38 岁，巩俐 23 岁，姜文 25 岁，作为《红高粱》的原著和编剧的莫言时年 33 岁；而王澍获奖时已经 49 岁，莫言获奖时也已 57 岁（同年张艺谋 62 岁，巩俐 47 岁，姜文 49 岁），命运似乎和莫言开了个玩笑，24 年后才想起了他。

应该说他们是属于同一代人，能力和才华相近，为什么获奖的时间会间隔得这么久？

专业成长过程需要的时间

美国作家海明威在《乞力马扎罗山的雪》中指出："真正的作家如同狩猎，要经历艰辛漫长的岁月，需要足够毅力，寻求真理以示人。"美籍华人建筑师贝聿铭也曾经告诉自己的孩子："建筑师是一种老年人的职业，你必须到了四五十岁，才能取得一些成绩，这是很艰难的，这不像画家，当下他们甚至可以在 30 岁就成为国际名人。"

看看诺贝尔文学奖和普利兹克建筑奖的获奖者，你会发现他们的年龄确实多在 50 岁以后。评委更看重的是独立精神而非名气和背景，也并不看重规模大小。顾城的"黑夜给了我黑色的眼睛，我却用它寻找光明"，只有 18 个字的小诗发表后曾轰动一时，体现人们对于光明的无限渴望（马悦然很看好顾城，感慨他的不幸）。德国建筑师密斯设计的 1929 年巴塞罗那世界博览会德国馆也只有 350 平方米，但表现出的"少就是多"（"less is more"）的设计哲学对后来的建筑设计产生了深远的影响。

2004 年普利兹克建筑奖得主是澳大利亚建筑师格伦·马库特，看他的作品很难想象他的事务所只有他自己一个人。更多建筑师未能获奖并不是他们不成功，而是他们太商业化了，通过作品进行研究的少了。很多人对王澍的作品不置可否，但仔细地看王澍的设计，你会发现他一直采用研究性、实验性的方式在做建筑。

一般认为，最好的作品一是手法成熟，对文字的驾驭力要强；二是有感情渗透在里面。艺术创作有自己的生理周期，尤其是在观念更新的时候，新的理论从出现到成熟需要时间，手法的成熟又会滞后。往往我们急于发出自己的声音，等不及或完全不顾及手法成熟需要的时间。这就解释了为何上世纪 80 年代左右国内的建筑、电影和小说在试图尝试新的理论的时候，由于手法和技术上并不成熟，显得比较粗糙和稚嫩，有些甚至是粗制滥造了。再加上概念艺术的兴起，使得艺术越来越背离了传统美的标准，更看重的是非物质性和非视觉性，已经无须或忽视视觉形象，而且更加忽视手法，这样对于普通民众来说就更加难以理解和接受这些作品了。

在铁凝看来，在中国一直有一批追求精神高度的作家，他们中间有些人在上世纪 80 年代已经受到推崇，但就其当时写作水平而言，其实还没有达到真正的黄金时代应有的高度，反而是现在，他们的作品更加成熟，探索性、开拓性也更强。

"小说《红高粱》，当年看时给我留下的感觉并不太好，因为小说穿越时空、也可以说有些随心所欲的叙事风格我不习惯，加之作者冗长、大胆、粗鲁的用词，也让我不适应，特别是晚上看罗汉大爷被剥皮的情节，让人毛骨悚然。电影《红高粱》看起来就不一样了，红红的高粱穗、红红的高粱酒、红红的残阳、奶奶身上红红的棉袄给人一种强烈的视觉冲击，汹涌澎湃的高粱与静谧的月牙、爷爷的桀骜不驯与奶奶的敢爱敢恨、"颠轿""敬酒""伏击"场景的张扬无不给人一种全新的感受，所以，《红高粱》荣获金熊奖当之无愧。"（集自网络作者：鹤飞舞）。

艺术认知的渐进性——语言的作用

比较语言对于文学、电影和建筑的杀伤力，无疑对文学最强。在追求感官的年代，文学简单的文字使自己处于相对的劣势。电影的对白有可能使人听不懂，但电影迷人的画面、优美的音乐、精彩的剧情都吸引着人们。音乐是不需要翻译的，作为凝固的音乐的建筑更是如此，实体的外观会给人以强烈的视觉冲击。

对一部外文小说如果你不具备一定的语言能力，很难进入状态，作家对文字的驾驭力往往不是我们平常简单的听说读写就能够欣赏的。这就给译者提出了很高的要求，要用本国文字表达出原著的精彩，还不能画蛇添足。

翻开诺贝尔文学奖和普利兹克建筑奖的获奖名录，获奖者一直局限在欧洲及北美等西方国家，非欧美非英语母语的作家要想获奖比较困难，南美非洲国家获奖也是因为其母语多为英法西葡语，亚洲的日本也是受益于"脱亚入欧"的定位。莫言的作品也是得益于瑞典汉学家、诺贝尔文学奖评委马悦然的努力，翻译的文本数量多，译文准确优美。相比马悦然最为推崇的沈从文，莫言应该是得到了很好的时机。马悦然曾经花大量时间翻译了沈从文的作品，无奈当时的评委们却并不感兴趣。

一批批出国留学、工作的建筑师们，像张永和、马清运等人，他们缩小了中国建筑和世界的距离。但他们很难被考虑，因为普利兹克奖更关注的是中国本土建筑师在解决自己国家面临的问题时给出的答案和作品，一旦深入到西方社会远离中国，你原有的特点就消失了。语言对建筑来说很奇妙，不懂语言并不影响你对建筑的理解，相反掌握得过多会影响你独立思考。

三者关系

"其实谁都清楚，塔顶底下是多么大而宽的一个坚实整体。而铺在最底部也是最阔大厚实的一层，依我看，那就是我们的文学了。"张艺谋认为是文学驮着电影走向了世界。冯小刚和刘震云也曾表达过：电影是文学树上面结出的果实。众多获奖电影的身后是默默创作的作家们。建筑是需要你去实地感受体验的，它自己可不会说话；它更加依赖于文学和电影的刻画，文学和电影由于加入了感情色彩、艺术渲染和背景知识，呈现出来的往往比实物更加动人，以至于很多人慕名而去试图找到同样的感觉。法国著名作家维克多·雨果曾在他的小说《巴黎圣母院》中对圣母院作过最充满诗意的描绘，1831年书出版后，引起很大的反响，许多人都希望修建当时残旧不堪的圣母院，并且发起募捐计划。唐代诗人杜牧的《阿房宫赋》遣词用字无比华美，思想深刻见骨，生动地描写阿房宫的兴建及其毁灭，以至于成为后世学者研究阿房宫的主要参照。

建筑师更像是导演和作家的结合，一方面要有创作能力；另一方面要有表达能力和概括能力。如何将一部少则几千字、多则几十万字的文学作品在100分钟内展现出来赢得评委和观众的芳心，要知道小说最好的部分往往是很难改编的。每个建筑师可贵的想法由于自身的能力不同结果不尽相同。1964年筹建约翰·肯尼迪图书馆时，在众多著名的建筑师中，当时名不见经传的贝聿铭最终被肯尼迪夫人杰奎林选中。最著名的密斯已经太老了；最被专家推崇的路易斯康操着的结巴的英语、脸上的伤疤，都使他远离被考虑的条件；精力充沛、信心十足的贝聿铭绅士般的举止和迷人的笑容，都令人倾倒。换了你，你会选择谁呢？

艺术的进化

人类历史上两次重要的艺术运动对艺术的发展产生了深远的影响。第一次是14、15世纪的文艺复兴运动，它告别了中世纪的教会神学和封建主义文化，回归到古罗马、古希腊倡导的人本主义，文学艺术从神学的束缚中解放出来表现人的思想感情，形成了主流的艺术评价标准。但这个标准也冰冷地划定了专业和业余的界线，似乎只有专业的才是艺术。艺术家们更是需要长时间的刻苦学习和钻研，提高自己的专业素养。

第二次是20世纪60年代中后期出现、并流行于20世纪70年欧美各国的概念艺术，它的兴起淡化了专业和业余的界线，平民也可以艺术创作，评价标准更趋多元化和大众化，激发了公众参与的热情。在概念艺术家看来，艺术发展的不全是艺术技巧，艺术技巧也不再优于或高于艺术理论。专业人士认为美来源于生活，要高于生活，会不由自主地给予美化，从另一方面来看弱化了真实性；普通人对真实粗糙的刻画更给人以震撼。真实有时很残酷，没有美感。就像日本的素混凝土建筑，没有饰面，人们认为这是对材料的尊重。

这对专业艺术家来说也许是个打击，普通人可望而不可即的专业素养、教育背景似乎一下子变得不再重要了，艺术也不再高高在上。网络文学、微博的出现更是颠覆了传统文学，作品不需要得到认可就可以传播。每个普通人都可以是作家、建筑师，按自己的想法写作、建造有情感归属的房子，艺术作品不再漂亮而陌生。

在这种复杂的环境下，专业的建筑师和作家们该如何应对？内心有没有摇摆？对专业的热爱有没有减退？是否还能坚定地知道自己要做什么？

莫言认为，"80年代中期，刚改革开放不太久，文学上百花齐放，百家争鸣，积极探索，大胆创新，求新求变，没有什么商业化的行为，是所谓的文学的黄金时代。现在的文学也像社会一样，与80年代相比发生了很多变化，但是真正热爱文学的人，对文学的渴望没有发生变化"。

号称商业上最成功的少年作家郭敬明，《幻城》和《梦里花落知多少》使其位列《福布斯》的"中国名人排行榜"第93位。相对于同龄人或一批批老资格的作家来说，这个瘦弱的小伙子的成功已经让人望尘莫及。他优美的文笔和阳光的笑容都让人心动。

即便如此，郭敬明还是成立一个由5人组成的工作室，做一些包括平面设计、策划出书和制作海报之类的业务。用他自己的话说，做这些事情比单纯写书会让自己更愉快些。郭敬明对写作看得很开。"写作不是人生中很固定的一件事，也不是一个事业。""就像我喜欢打羽毛球一样，它只是我的一个爱好。"

"当下是一个多元并存的文化生态，文学看起来不再受宠，其实是虚热散去之后处于它应有的位置上"，对此作家和读者都应该"把心放平和"。这个观点适合所有的艺术创作，不仅仅要考虑自己的喜好，更要设身处地地从消费者的角度出发，感同身受。对于一个普通的作家和建筑师来说，获奖应该是很遥远的事情，但是如果能不被经济利益诱惑，坚守理想，从真实的生活体验入手，专注并热爱自己的设计和创作，从中寻找乐趣，你就会感到快乐。这两个奖项传达的意思也很明确，对建筑和文学要有更深度的关注和思考，对有理想、长期保持真诚态度的建筑师和作家来说，只要通过努力，就有实现理想的可能。中国电影虽然捧然回了很多奖项，但一直无缘最为看重的奥斯卡金像奖，这对电影界或许也是个思考。

年代	作品名称	作者	国别	文学体裁
1901	《孤独与沉思》	苏利·普吕多姆（Sully Prudhomme）	法国	诗散文
1902	《罗马风云》	特奥多尔·蒙森（Th. Mommsen）	德国	散文
1903	《挑战的手套》	比昂斯滕·比昂松（B. Bjørnson）	挪威	剧本小说
1904	《金岛》	弗雷德里克·米斯塔尔（F. Mistral）	法国	诗散文
1904	《伟大的牵线人》	何塞·埃切加赖（J. Echegaray）	西班牙	剧本
1905	《第三个女人》	亨利克·显克维支（H. Sienkiewicz）	波兰	小说
1906	《青春诗》	乔祖埃·卡尔杜齐（G. Carducci）	意大利	诗散文
1907	《老虎！老虎！》	约瑟夫·鲁德亚德·吉卜林（R. Kipling）	英国	小说
1908	《精神生活漫笔》	鲁道尔夫·欧肯（R. Eucken）	德国	散文
1909	《尼尔斯骑鹅旅行记》	塞尔玛·拉格洛夫（S. Lagerlö）	瑞典	小说
1910	《特雷庇姑娘》	保尔·约翰·路德维希·冯·海塞（P. Heyse）	德国	小说
1911	《花的智慧》	莫里斯·梅特林克（M. Maeterlinck）	比利时	散文剧本
1912	《群鼠》	盖哈特·霍普特曼（G. Hauptmann）	德国	剧本小说
1913	《吉檀枷利·饥饿石头》	罗宾德拉纳特·泰戈尔（R.Tagore）	印度	诗
1914	未颁奖			
1915	《约翰·克利斯多夫》	罗曼·罗兰（Romain Rolland）	法国	小说
1916	《朝圣年代》	魏尔纳·海顿斯坦姆（V. Heidenstam）	瑞典	诗
1917	《磨坊血案》	卡尔·耶勒鲁普（K. Gjellerup）	丹麦	小说
1917	《天国》	亨利克·彭托皮丹（H. Pontoppidan）	丹麦	小说
1918	未颁奖			
1919	《奥林比亚的春天》	卡尔·施皮特勒（C. Spitteler）	瑞士	诗
1920	《大地硕果·畜牧曲》	克努特·汉姆生（K. Hamsun）	挪威	小说
1921	《苔依丝》	阿纳托尔·法郎士（A. France）	法国	小说
1922	《不吉利的姑娘》	哈辛特·贝纳文特·伊·马丁内斯（J. Bena-vente）	西班牙	剧本
1923	《丽达与天鹅》	威廉·勃特勒·叶芝（W.B. Yeats）	爱尔兰	诗
1924	《福地》	弗拉迪斯拉夫·莱蒙特（W. Reymont）	波兰	小说
1925	《圣女贞德》	乔治·萧伯纳（Bernard Shaw）	爱尔兰	剧本
1926	《邪恶之路》	格拉齐亚·黛莱达（Grazia Deledda）	意大利	小说
1927	《创造的进化》	亨利·柏格森（H. Bergson）	法国	散文
1928	《新娘·主人·十字架》	西格里德·温塞特（Sigrid Undset）	挪威	小说
1929	《布登勃鲁克家族》	保尔·托马斯·曼（Thmos Mann）	德国	小说
1930	《白璧德》	辛克莱·刘易斯（S. Lewis）	美国	小说
1931	《荒原和爱情》	埃利克·阿克塞尔·卡尔费尔德（E. A. Karlfeldt）	瑞典	诗
1932	《有产者》	约翰·高尔斯华绥（J. Galsworthy）	英国	小说
1933	《米佳的爱》	伊凡·亚历克塞维奇·蒲宁（I. A. Bunin）	俄国	小说
1934	《寻找自我》	路伊吉·皮兰德娄（L. Pirandello）	意大利	剧本
1935	未颁奖			
1936	《天边外》	尤金·奥尼尔（E. O'Neill）	美国	剧本
1937	《蒂伯一家》	罗杰·马丁·杜·加尔（R. Martin du Gard）	法国	小说
1938	《大地》	赛珍珠（Pearl S. Buck）	美国	小说
1939	《少女西丽亚》	弗兰斯·埃米尔·西兰帕（F. E. Sillanpää）	芬兰	小说
1940	未颁奖			
1941	未颁奖			
1942	未颁奖			
1943	未颁奖			

年代	作品名称	作者	国别	文学体裁
1944	《漫长的旅行》	约翰内斯·威廉·扬森（Johannes V. Jensen）	丹麦	小说
1945	《柔情》	列拉·米斯特拉尔（Gabriela Mistral）	智利	诗
1946	《荒原狼》	曼·黑塞（Hermann Hesse）	德国	小说
1947	《田园交响曲》	德烈·纪德（A. Gide）	法国	小说
1948	《荒原》	马斯·斯特恩斯·艾略特（T.S. Eliot）	英国	诗
1949	《我弥留之际》	康·福克纳（William Faulkner）	美国	小说
1950	《哲学—数学—文学》	亚瑟·威廉·罗素（Lord B. A. W. Russell）	英国	散文
1951	《大盗巴拉巴》	帕尔·费比安·拉格奎斯特（P. Lagerkvist）	瑞典	小说
1952	《爱的荒漠》	莫里亚克（F. Mauriac）	法国	小说
1953	《不需要战争》	温斯顿·邱吉尔（Sir W. Churchill）	英国	散文
1954	《老人与海》	海明威（Hemingway）	美国	小说
1955	《渔家女》	赫尔多尔·奇里扬·拉克斯内斯内斯（H.K. Laxness）	冰岛	小说
1956	《悲哀的咏叹调》	胡安·拉蒙·希梅内斯（J. R. Jiménez）	西班牙	诗
1957	《局外人·鼠疫》	阿尔贝·加缪（A. Camus）	法国	小说
1958	《日瓦戈医生》	鲍里斯·列昂尼多维奇·帕斯捷尔纳克（B. Pasternak）	苏联	小说
1959	《水与土》	萨瓦多尔·夸西莫多（S. Quasimodo）	意大利	诗
1960	《蓝色恋歌》	圣·琼·佩斯（Saint-John Perse）	法国	诗
1961	《桥·小姐》	伊沃·安德里奇（I. Andric）	南斯拉夫	小说
1962	《人鼠之间》	约翰·斯坦贝克（J. Steinbeck）	美国	小说
1963	《画眉鸟号》	乔治·塞菲里斯（G. Seferis）	希腊	诗
1964	《苍蝇》	让·保尔·萨特（J.P. Sartre）	法国	剧本
1965	《静静的顿河》	米哈伊尔·亚历山大罗维奇·肖洛霍夫（M. Sholokhov）	苏联	小说
1966	《行为之书》	萨缪尔·约瑟夫·阿格农（S.J. Agnon）	以色列	小说
1966	《逃亡》	奈莉·萨克斯（N. Sachs）	瑞典	诗散文
1967	《玉米人》	安赫尔·阿斯图里亚斯（M.A. Asturias）	危地马拉	小说
1968	《雪国·千鹤·古都》	川端康成（Y. Kawabata）	日本	小说
1969	《等待戈多》	萨缪尔·贝克特（S. Beckett）	爱尔兰	剧本
1970	《癌症楼》	亚历山大·索尔仁尼琴（A. Solzhenitsyn）	苏联	小说
1971	《情诗·哀诗·赞诗》	巴勃鲁·聂鲁达（P. Neruda）	智利	诗散文
1972	《女士及众生相》	亨利希·伯尔（H. Bouml）	德国	小说
1973	《风暴眼》	帕特里克·怀特（P. White)	澳大利亚	小说
1974	《露珠里的世界》	哈里·埃德蒙·马丁逊（H. Martinson）	瑞典	诗、小说
1974	《乌洛夫的故事》	埃温特·约翰逊（E. Johnson）	瑞典	小说
1975	《生活之恶》	埃乌杰尼奥·蒙塔莱（E. Montale）	意大利	诗散文
1976	《赫索格》	索尔·贝娄（S. Bellow）	美国	小说
1977	《天堂的影子》	阿莱克桑德雷·梅洛（V. Aleixandre）	西班牙	诗
1978	《魔术师·原野王》	艾萨克·巴什维斯·辛格（I. B. Singer）	美国	小说
1979	《英雄挽歌》	奥德修斯·埃里蒂斯（O. Elytis）	希腊	诗
1980	《拆散的笔记簿》	切斯拉夫·米沃什（C. Milosz）	波兰	诗
1981	《迷茫》	埃利亚斯·卡内蒂（E. Canetti）	英国	小说
1982	《霍乱时期的爱情》	加夫列尔·加西亚·马尔克斯（G. G. Marquez）	哥伦比亚	小说
1983	《蝇王·金字塔》	威廉·戈丁尔（Sir William Golding）	英国	小说
1984	《紫罗兰》	雅罗斯拉夫·塞弗尔特（Jaroslav Seifert）	捷克斯洛伐克	诗
1985	《弗兰德公路·农事诗》	克洛德·西蒙（Claude Simon）	法国	小说

年代	作品名称	作者	国别	文学体裁
1986	《狮子和宝石》	沃莱·索因卡（Wole Soyinka）	尼日利亚	剧本
1987	《从彼得堡到斯德哥尔摩》	约瑟夫·布罗茨基（Joseph Brodsky）	美国	诗散文
1988	《街魂》	纳吉布·马哈富兹（Naguib Mahfouz）	埃及	小说
1989	《为亡灵弹奏》	塞拉（Camilo Jose Cela）	西班牙	小说
1990	《太阳石》	奥克塔维奥·帕斯（Octavio Paz）	墨西哥	诗散文
1991	《七月的人民》	内丁·戈迪默（Nadine Gordimer）	南非	小说
1992	《在绿夜里》	德里克·沃尔科特（Derek Walcott）	特立尼达	诗
1993	《最蓝的眼睛》	托妮·;莫里森（Toni Morrison）	美国	小说
1994	《小说的经验》	大江健三郎 Kenzaburo Oe	日本	诗
1995	《一位自然主义者之死》	谢默斯·希尼 （Seamus Heaney）	爱尔兰	诗
1996	《我们为此活著》	申博尔斯卡（Wislawa Szynborska）	波兰	诗
1997	《一个无政府主义者的死亡》	达里奥·福（Dario Fo）	意大利	剧本
1998	《盲目》	萨拉马戈（Jose Saramago）	葡萄牙	小说
1999	《铁皮鼓》	君特·格拉斯（Gunter Grass）	德国	小说
2000	《灵山》	高行健（Gao Xingjian）	法国	小说
2001	《大河湾》	维·苏·奈保尔（V. S. Naipaul）	英国	小说
2002	《无形的命运》	凯尔泰斯·伊姆雷（Imre Kertész）	匈牙利	小说
2003	《耻辱》	库切（J. M. Coetzee）	南非	小说
2004	《斑比乐园》	埃尔弗里德·耶利内克（Elfriede Jelinek）出生于1946年—）	奥地利	剧作小说
2005	《生日派对》	哈罗德·品特（Harold ）Pinter（1930.10.10——2008.12.24）	英国	小说
2006	《伊斯坦布尔》	奥罕·帕慕克（OrhanPamuk）出生于1952年6月7日	土耳其	小说
2007	《金色笔记》	多丽丝·莱辛（Doris Lessing）出生于1919年10月22日	英国	小说
2008	《乌拉尼亚》	勒·克莱齐奥（Jean-Marie Gustave Le Clezio）出生于1940年	法国	小说
2009	《我所拥有的我都带着》	赫塔·米勒(Herta Muller)，生于1953年8月17日	德国	小说

历届诺贝尔文学奖获奖名单

1	1979	菲利普·约翰逊 (Phillip Johnson,1906-2005)	美国	73
2	1980	路易斯·巴拉干 (Luis Barragan,1902-1988)	墨西哥	78
3	1981	詹姆斯·斯特林 (James Sterling,1926-1992)	英国	55
4	1982	凯文·罗奇 (Kevin Roche,1922-)	美国	60
5	1983	贝聿铭 (Ieoh Ming Pei,1917-)	美国	66
6	1984	理查德·迈耶 (Richard Meier,1934-)	美国	50
7	1985	汉斯·霍莱因 (Hans Hollein,1934-)	奥地利	51
8	1986	戈特弗里德·玻姆 (Gottfried Boehm,1920-)	德国	66
9	1987	丹下健三 (Kenzo Tange,1913-2005)	日本	74
10	1988	戈登·邦夏 (Gordon Bunshaft,1909-1990)	美国	79
10	1988	奥斯卡·尼迈耶 (OscarNiemeyer,1907-)	巴西	81
11	1989	弗兰克·盖里 (Frank O.Gehry,1929-)	美国	60

12	1990	阿尔多·罗西 (Aldo Rossi,1931−1997)	意大利	59
13	1991	伯特·文丘里 (Robert Venturi,1925−)	美国	66
14	1992	阿尔瓦罗·西扎 (Alvaro Siza,1933−)	葡萄牙	59
15	1993	槙文彦 (Fumihiko Maki,1928−)	日本	65
16	1994	克里斯蒂安·德·波特赞姆巴克 (Christian de Portzamparc,1944−)	法国	50
17	1995	安藤忠雄 (Tadao Ando,1941−)	日本	54
18	1996	拉斐尔·莫内欧 (Rafael Moneo,1937−)	西班牙	59
18	1996	何塞·拉法埃尔·莫内欧 (José Rafael Moneo Vallés,1937−)	西班牙	59
19	1997	斯维勒·费恩 (Sverre Fehn,1924−2009)	挪威	73
20	1998	伦佐·皮亚诺 (Renzo Piano,1937−)	意大利	61
21	1999	诺曼·福斯特爵士 (Norman Foster,1935−)	英国	64
22	2000	雷姆·库哈斯 (Rem Koolhaas,1944−)	荷兰	56
23	2001	雅克·赫尔佐格 (Jacques Herzog,1950−)	瑞士	51
23	2001	皮埃尔·德·梅隆 (Pierrede Meuron,1950−)	瑞士	51
24	2002	格伦·马库特 (Glenn Murcutt,1936−)	澳大利亚	66
25	2003	约翰·伍重 (Jorn Utzon,1918−)	丹麦	85
26	2004	扎哈·哈迪德 (Zaha Hadid,1950−)	英国	54
27	2005	汤姆·梅恩 (Thom Mayn,1944−)	美国	61
28	2006	保罗·门德斯·达·洛查 (Paulo Mendesda Rocha,1928−)	巴西	78
29	2007	理查德·罗杰斯 (Richard Rogers,1933−)	英国	74
30	2008	让·努维尔 (Jean Nouvel,1945−)	法国	63
31	2009	彼得·卒姆托 (Peter Zumthor,1943−)	瑞士	66
32	2010	妹岛和世 (Kazuyo Sejima,1956−)	日本	54
32	2010	西泽立卫 (Ryue Nishizawa,1966−)	日本	44
33	2011	艾德瓦尔多·苏托·德·莫拉 (Eduardo Soutode Moura,1952−)	葡萄牙	59
34	2012	王澍 (WangShu,1963−)	中国	49

文学、建筑、电影特性及关系表

	单位	载体	移动性	吸引力（对外界）	影响力	社会认知	进化	技术要求	功能	反应速度	公众参与	创作的独立性	市场运作	相互关系
电影	分钟	胶片	好	最强	越来越强	高	微电影	较高	简单	快	渐易	强	院线票房　影视基地	文学为土壤　建筑为背景
建筑	平方米	空间	差	较强	逐渐加强	模糊	反建筑	高	复杂	慢	较难	弱	流水线作业	电影文学的宣传媒体
文学	字数	文字	好	较弱	逐渐减弱	高	网络文学微博	低	简单	最快	容易	强	书商写手　出版公司	电影剧本

（加拿大宝佳集团总建筑师兼产业设计公司总工程师）

《2012》并非预言，是一种态度

——写在 2012 年终岁末的安全思考

金 磊

2012 年元月笔者曾撰文《2012 的忠告：未雨当绸缪》（《城市与减灾》2012 年第 1 期），它重点探索并回答了当人类跨入 2012 年这"危险年份"时，该具备的科学减灾观，即："2012"不是末世说，而是预警人类的新理性；"2012"并非谣言，而是在拷问谁在为自然巨灾推波助澜；"2012"留给人类的并非"囚徒困境"，而要树立起迎接生态文明的综合减灾之思。

2012 年 10 月 26 日，"2012：玛雅预言成为历史"文物展在美国第四大城市休斯敦开幕，其重点是通过介绍玛雅的历法，揭示所谓"世界末日"将于 2012 年底来临这一传闻的谬误。据休斯敦自然科学博物馆人类学馆长图伦蒙特解释说，玛雅人是优秀的时间记录者，他们有多种历法，其中有一种历法的终止时间是 2012 年 12 月 21 日，但这一天绝非世界的终结，而是新一轮历法的开始。2012 年 10 月 25 日在第三届"首都圈巨灾应对高峰论坛"上，笔者作了《北京城市综合减灾问题再分析》的演讲，笔者在分析北京 2012 年"7.21"暴雨之灾的属性时，强调了 2012 年北京遭遇"2012"的人为性，79 位蒙难者已经充分证明，京畿洪患的现实，积水痼疾的难题，一再告知在世界城市这绝不该简单归结于天灾，这是我们必须要正视的"北京水灾的 2012"！基于此，我认为，面对 2012 年太多的国内外灾情，面对已到面前的 2013 年，我们所能做的不仅仅是梳理"灾事"并发现规律，必须要让管理者与建设者来一场反思，从而探寻到对平安世界、美丽中国有意义的灾害观。因为有忧患意识，才有清醒头脑；多些追问才能在追悔中前行。

2012 该反思，不应炒作（金磊摄于 2012 年 12 月 21 日北京望京）

一、2012 年的"2012"劫难的深刻记忆

2012 年 10 月 13 日联合国秘书长在"国际减灾日"致辞中说："每当灾害袭来，大自然常被责成祸首，我们却很少反省。是人类的一些活动助长了风险并将危险酿成大祸。人类在灾害面前日趋脆弱，而其抗灾能力却远远不及。过去一年中，我们一次次目睹洪水、地震、海啸和干旱肆虐的破坏……让我们投资于近日，只为那更安全的明天。"事实的确如此，2012 年有太多的灾情与风险，它们既是那样的突如其来，也是那样的意料之中，不仅有深深刺痛人们心灵的创伤"事件"，更有难以数清的令人不安的灾难事实。据联合国环境规划署网络信息 2012 年 9 月 5 日发布的《全球化学品展望》报告称，由于化学品的生产、使用和处置从发达国家持续向新兴国家和发展中国家转移，灾难风险正在加剧，如从 2005 年到 2020 年，在撒哈拉以南的非洲，小规模使用的杀虫剂引发的灾害成本就达 900 亿美元，这要求世界各国必须采取紧急协调行动，以减少工业化人为灾害的蔓延。同样，联合国开发署署长海伦·克拉克也指出，在自然灾害导致的死亡中，有 95% 发生在发展中国家；在飓风导致死亡之中，有超过 1/2 的人生活在最不发达国家；在暴露的灾害风险人口中，有 85% 生活在中低发展中国家。防灾减灾工作应像是在悬崖边上装上围栏，而不是在悬崖下面备好救护车。

2012 年 7 月，据国家减灾委等部委会商分析，2012 年较 2011 年同期灾情偏重。报告特别指出：7 月 21 日北京、河北两地强降雨引发的山洪泥石流导致 112 人死亡，21 人失踪，强降雨特别造成北京、天津、太原等大城市城区大面积内涝，城市安全运行秩序无法保证，国内外影响甚坏。同样在北京 11 月 3 日至 4 日，持续 40 小时的降雪使延庆县降雪达 52 年之最，京藏高速公路拥堵长达 7 天，无论是雨雪还是极端天气，都反映出北京快速反应能力的欠到位，呈现在社会面前的是北京仍停滞在事后的救灾上，技术与管理上的漏洞颇多。

与"2012"人类将遭末日的说法一样，人们会回忆起1999年"大劫难"之说。虽然我们不该简单地认为这是毫无科学依据之说，但对于时过境迁的1999年"大劫难"是从日本以五岛勉为代表的一些人那里兴起的，其主要论调来自16世纪法国医生诺查丹玛斯和他的1 200首预言诗的《诸世纪》。在五岛勉列举的几首《诸世纪》中的关键诗中，他解读到："1999年7月至8月，恐怖魔王降临；恐怖魔王应是指空间袭击，洲际弹道导弹、人造卫星、彗星撞击、外星人进犯和超级光化学烟雾等。"事实上，早在20世纪70年代，五岛勉就极为宣扬"地球末日"说，尽管"预言"、"彗星带来灾难"等说法一次又一次被打破，但之所以令人类"动心"的是，近年来全球"灾事"一年盛似一年，那些不期而至的灾难向人类表达着，自然巨灾已经防不胜防，任何预警预报只是声东击西。如对于2011年"3·11"日本9级复合巨灾，美国《科学》杂志剖析说："对于一个以优良防备著称的国家来说，这次大悲伤的现实说明，当下有些巨灾太大，太罕见，人类确处于防不胜防的状态。"在2011年11月4日"首都圈巨灾应对与生态安全高峰论坛"上我曾以《北京建设"世界城市"要强化人为灾害控制研究》为题发言，文章核心是告诫研究者、管理者、公众，大城市当下的防灾减灾要特别关注人为灾害研究与分析。自然灾害，顾名思义是自然因素引发的灾难，千百年来无人对此有异议。然而，今天的科学界站出来为自然灾害翻案，他们认为当下的自然灾害不是由单纯的自然因素引发，其中有重要的人为因素。在联合国20世纪90年代的"国际减灾十年"的宣传册上早就有如下文字："当我们走进21世纪时，人口增长、生态破坏、迅速的工业化和社会与经济失衡发展，比以往制造了更多的全球性、城市化灾害的机会。"如大量的降水可以引发洪灾，但它有可能是因为毁林、土地侵蚀、野蛮的耕种方式和人类其他不理智的行动破坏了自然生态系统的循环，从而引起大量降水及降低了自然界排水和泄洪的作用。回溯历史，那连绵不绝的灾难，几乎每一时都在用不同语汇发出灾害警报，几乎城乡每一寸土地、每一方天空都隐含着"杀机"。人类居住的地球村如同漂泊在惊涛骇浪中的诺亚方舟，在此起彼伏中颠荡，残酷的事实往往使残酷的预言成为巧合。作为科学工作者我们要比以往更认清全球灾变的规律和现实：地球比以往更加脆弱，且每况愈下；人类对现代灾害并非无能为力，但要强化预警预报；自然巨灾往往伴随并诱发人为灾难；发展中国家及其城市化高速地域是自然与人为混合灾难的重灾区。末日何日？百千年来已被人类文明进步的事实所毁灭，因为世界照样活着，人类照样前进，但理性地看，我们恰需要通过种种"世界末日"说及当代世界性灾变来告诫人类，我们正处在危机四伏的危机态。

二、2012 该告诫的不是末世说，是警示上苍，敬畏自然

在我阅读的书目中有两本值得提及：《世界无末日》（【英】皮尔斯等著，中国财政经济出版社，1996 年版），该书全部采用经济学家的方式研讨了当下世界的经济、环境可持续发展问题，它尤其强调了人口增长导致资源退化及安全承载力下降问题，研究了由于政策失灵所导致的计划失灵和市场失灵，从发展中国家城市化的"污染天堂"分析了日益加剧的城市生态灾难问题；《全球灾变与世界末日》（【英】比尔·麦圭尔著，外语教学与研究出版社，2007 年版），该书认为，地球上的生命终将结束，这已是人类不得不面对的一个现实。人类不断面临各种各样的威胁，从全球变暖、大海啸到小行星撞击地球、超级火山爆发到下一次冰期的到来……哪些迫在眉睫？哪些属于遥远的未来？人类如何幸免于难？在灾变身后既不是无端的预言，更非谣传，它是现实的社会灾难，是城市化脆弱性的极端反映。这是因为现实中有太多太频繁的令人不安的事实，2011 年美国《科学》杂志报道，世界卫生组织将源自家庭烹饪的室内空气污染列为全球导致死亡的主要环境因素，因为这种污染每年导致世界上约 200 万人死亡，超过每年死于疟疾的人数。

面对"灾事"的天天时时发生，我以为要抓住改变人们思维的三个"R"：

其一，研究（Research），它是所有经受过灾难训练的人特别喜欢的方法；

其二，共鸣（Resonance），它是公众安全文化得到发扬的关键，体现在减灾文化中十分必要；

其三，现实世界的事件（Real World Events），它是强调凡灾难都要赋予人们使命，克服困难，正视灾情，是人类积极的态度。

面对全球非传统安全发展的态势，面对灾难反思与增长的新路线图，面对国人越来越增强的珍视生命的态度，我尤其认为在中国防灾减灾乃至应急管理建设上的最大问题，不仅有战略及战术问题，更有制度与文化建设的大问题，安全减灾意识不到位是症结所在，因为只有提升从上到下的安全文化责任与能力，我们对灾难才会有区别于他人的"智慧之眼"。具体讲有以下几个方面。

①再塑人类的新风险观。荀子在《天论》中说"从天而颂之，孰与制天命而用之"。然而，今人却误将此理解为"人一定会战胜自然"，于是才有了中国的"人定胜天"的指导性观念。大自然不是我们长期斗争的对象，

而是人类的力量之源，只有心存敬畏，将灾难看成来自上苍的警示，人类才**会**有新生。为此我们既要反对关于灾害与事件的"零概率"的说法，更要研究人类能承受灾难风险的极限，即必须回答自己：哪些灾害风险是可以容忍的，哪些灾害风险是必须评估的，哪些灾害风险是必须降低的，等。

② "2012"绝非终结，是新开始。美国一部《2012》造就了电影史上灾难片的巅峰，同时更唤起人们心中的末日情结。当家园变成废墟，当生命和城市被吞噬，当地球成为地狱……《2012》所展示的正是世界末日。无论是天外不速之"客"，还是类似日本 2011 年"311"复合巨灾的全球化灾难，乃至人类自己毁灭的末路（战争、核污染、生化危机及其公共卫生事件等），都是客观地悬在人们头上的一柄达摩克利斯之剑。面对人类肆无忌惮的索取，人类应最担心的是将一切还给大自然的那一刻，或许这正是现代人内心深处末日情结的根源。

③ 人类要按"防灾预防文化"修炼精神。我们已经呼唤"润物细无声"的安全预防文化能普惠公众的力量，面对类似于美国"911"事件反恐防灾事项，汲取教训，提升安全工程设计与建设的责任与伦理意识；作为公众再不该总陷在如何挺过"2012""灾事"的各种想象中，而要认真做好应做的事，如避免失误、规范自己的行为、继续打开心灵、敞开胸怀，在面对危机与"灾事"境遇下，努力按"防灾预防文化"的思路冥想并修炼自己的精神。我相信，无论"2012"事件始于何时，也不管未来"灾事"如何险峻，地球公民都该在理性思辨下，挺起胸膛，透视那茫茫的世界。深重危机往往伴随巨大的机遇，2012 年一定会是人类下决心改造并更新文明的重生期，不该在尚不明白未来"灾事"的情况下一味寄希望明天一定是一个和谐世界，更不该在不理智且盲目的情绪下一定要不理性地戳穿《2012》的预言。

三、2012 年的"灾事"，打开人类的灾难文化视野

2012 年除灾害事件外，更有被国际科学界强烈谴责为遭遇"悲哀的一天"。10月 23 日，因对地震风险评估有误，意大利拉奎拉地方法院以"过失杀人罪"判处 6 名意大利地震专家和 1 名前政府官员 6 年监禁，他们均是"意大利国家重大风险评估委员会"的成员。至少有 5 000 名科学界人士向意大利总统纳波利塔诺发出公开信，谴责这一判决，并一致认为准确预测地震在技术层面不具可能性。英国地质勘察研究所专家罗杰·马森指出，获罪的意大利地震专家给出的预测结论是正确的，这是最好的科学建议，它不应成为他们的罪状。我认为，

在2012年这特殊年份，以"过失杀人罪"将地震专家投入监狱将会开创一个危险的先例，让科学家们在给出风险分析时转向保守，以至于损害国际科学界减轻灾害的种种努力，其最可怕的是又一次以"科学与公众"的名义，泯灭了防灾减灾的科学理性及规律性。难怪，近来有权威机构表示，面对未来之灾，人类出色的表现将由"人定胜天"发展到"机器胜天"。对此应坚信，至少在当下无论是多么高明的计算机系统，都难以达到"机器胜天"的目标。

2012年末又是"大片旺季"，《一九四二》是一部独特的影片，不仅表达了饥饿下的人性，更成为一个中国版的"2012"劫难历史剧。20年前完成小说《温故一九四二》的刘震云表示："作为河南人，我竟然从不知道1942年曾经发生过这么严重的旱灾，更令我震惊的是，这场灾难的亲历者和他们的后代无不选择了遗忘。"1942年，河南大旱，赤地千里，1 000余万民众背井离乡，逃荒至陕西，共有300万人在途中饿死，这是电影《一九四二》呈现的内容。但，电影的冰冷，是一种不忍目睹的冰冷之灾，是在"活着"面前生命尊严、传统伦理和民族大义的全面崩溃，尽管电影的批判意识是显见的，但人们能否认知、认同这一点是难说清的！《一九四二》这场灾难是有天灾成分的，可由于当年国民党官僚体系的矛盾及应对灾难之迟钝，导致了惨绝人寰的大死亡，直到后来还是美国《时代》周刊记者白修德，在美国曝出了大饥荒的新闻，才使得远在重庆的国民政府不得不采取赈灾措施。面对灾害的过去，当代人谁能只是清醒旁观？由旱灾想到洪灾，由旱灾再想到"天—地—生—人"大系统的灾害预测。从此种意义上看，教训与反思比经验和表彰更为重要。

党的"十八大"将生态文明纳入中国"五位一体"建设总体布局中，共创生态文明，安全减灾，才有希望建设美丽中国。但笔者以为建设生态文明绝非仅仅是达到蓝天、碧水、青山的目标，它尤其要以生态安全、防灾减灾为基石；以把握自然规律、尊重自然为前提；以人与自然、环境与经济、人与社会安全，抵御巨灾为宗旨；以满足城乡发展的安全承载力为约束指数。从安全减灾观念上看，要树立先进的生态伦理观，从而推动生态文化、生态意识、生态道德的制度建设。如果说，从物质基础上讲，建设美丽中国要拥有发达的生态经济，但从必保的安全底线看，必须保障具备可靠的生态安全大系统，那么包含生态文明的安全空间设计就要有生态修复的大思路。保障生态安全最重要的是要界定好生态脆弱区或敏感区，它对减缓与控制生态灾害，保障人居环境，维护区域乃至国家、城市生态安全与可持续发展至关重要。

（中国灾害防御协会 副秘书长）

刘敦桢在南京工学院的岁月

刘叙杰

中央大学在新中国成立后改名南京大学，至 1952 年又进行了院系调整，除文、理学院仍合为南京大学外，其余学院均自成一校。工学院收纳兄弟院校有关科系后扩大规模称南京工学院，校址仍在四牌楼原校本部。

父亲刘敦桢此时除任建筑系教授并继续讲授中国建筑史、中国营造法及西方建筑史等课程外，又于 1953 年起兼任南京工学院与华东建筑设计公司合办的中国建筑研究室主任。建室的目的是为了整理我国各地民间建筑的优秀传统经验，供日后建筑设计时佐证和参考。但调来的人员都未有这方面的工作能力与经验，必须从培训开始，建筑系的一些青年教师如齐康、潘谷西等也配合了部分工作。当时主要的研究对象是民居，因其量大面广，在结构上和造型上变化很多，又是我国古代宫殿、官署、寺庙等大型官式建筑的渊源，所以对它的研究意义重大。研究室人员分赴各地进行调查，系统收集了许多不同类型的实例，资料分别来自辽宁、河北、河南、山东、山西、陕西、江苏、安徽、浙江、福建、广东和北京、上海等省市，大大丰富了人们对我国这一传统建筑艺术的认识，其中的北方黄土地带的窑洞穴居、福建的客家土楼、北京的四合院以及江、浙的庭园住宅等，都极具代表性，其平面、外观和局部处理、建筑装饰都很富于变化和带有浓厚的地方色彩。值得注意的是在皖南与苏南一带，还发现了一批数量不小的明代住宅，它们尚保留了许多当时的建筑手法和地区特点，在建筑意义与历史价值方面，都是极可宝贵的文化遗产。研究室在整理了调查报告并对照了新发现的考古资料以及过去的研究成果以后，于 1956 年出版了反映父亲研究中国传统民居阶段性成果的著作《中国住宅概说》，它进一步推动了国内学术界的"民居热"，并引起了国外人士的注意。此书后来又陆续被译为日、英、法文，为向海外介绍中国传统民居的历史、发展与特点起了积极的作用。

1955 年，此研究室划属建筑工程部建筑科学研究院，改称"建筑理论及建筑历史研究室南京分室"，仍由父亲主持工作。陆续来室工作的有夏正宏、李容淦及建筑系的毕业生叶菊华、詹永伟、金启英等。这时的研究重点已由传统民居转向古典园林，后者是我国古代建筑中一个尚未系统深入探索的领域，除了童先生曾于抗日战争以前进行过研究外，一直鲜为国内学人涉足，是一个很有潜力与极有吸引力的科研天地。虽然中国的古典园林与传统的宫殿、祠庙、寺观、住宅等建筑都是我国特定的社会历史和社会生产条件下的产物，但是园林 (包括皇家苑囿和私家园林) 却受到更多的传统文学和艺术的影响，而且许多园林的构思或设计都出于当时著名的文学家或画家，这就使得中国的传统造园具有更丰富的艺术内涵与更超脱的思想意境了。

通过对历史文献和现存遗物的了解，我国元代及以前朝代所兴建的大量皇家苑囿与私家园林，几乎都已无痕迹可寻。其中极少数虽然残留些许丘壑，但也不能据此而窥测其本来面目。例如汉、唐以来山池园林麇集的长安、洛阳、建康、广陵、汴京、临安、绍兴诸城市，由于屡经沧桑浩劫，昔日繁华亭阁楼台早已化为荒烟尘土。目前仅有位于苏南水乡的苏州一地，还相当集中地保存了较多的园林实例。从占地数十亩的大型园林到尺山寸池的蕞尔庭院，在新中国成立后还留有 200 余处。其种类之多，数量之众，造型之优美，设计之巧妙，在我国现存古典园林中，可称独步。

自 1953 年开始对此专题的研究后，通过对苏州园林的多次普查，对其数量、分布、类型、规模、艺术水平等状况有了全面的了解。同时还收集了许多与园史有关的文献资料并拍摄了大量照片。在分析了上述种种资料后，就从现存的 200 余实例中，挑选出若干有代表性的典型，然后再对它们做更深入的研究。如对其总体及各单体建筑、构筑物、水池、山石、花木等均须作出详尽的测绘，并记录其特点以及在不同季节、气候与时刻的变化，如对某景物在春、夏、秋、冬的不同雨、雪、日照或月光下的观察，常可使人获得许多出乎意料的艺术效果。

这一在我国古建筑研究中另辟蹊径的工作，经过十年的艰苦努力，一共绘制了各项图纸千余张，摄影照片二万多帧，收集的文字、绘画等有关资料也极可观。父亲先在1956年发表了较简略的《苏州的园林》单行本，作为南京工学院校庆报告会上的论文。后来此书在此基础上发展为对国内外学界都有很大影响的巨著《苏州古典园林》。这虽然是一册介绍苏州当地传统园林艺术的书籍，实际上也可以认为是整个中国园林建筑艺术的重要缩影。它的内容丰富、图文精辟，对研究历史文化和从事建筑设计的人来说都有很大的参考价值，因此获得国内外的一致好评，被誉为中国古典园林研究中的重要经典著作。这书于1979年由中国建筑工业出版社出版，曾获1977—1981年度全国优秀科技图书奖，现又译为英、日文版发行于海外。

新中国成立以后，随着我国科学文教事业的发展，新形势下的教学、科研和对外文化交流，都需要内容更为丰富与全面的建筑史学资料。因此，编写一部新的中国古代和近现代建筑史，就成为刻不容缓的事情了，这又为父亲开辟了一个新的重要科研战线。

为了庆祝新中国成立十周年的到来，建筑史界于1958年起，就开始了《中国古代建筑史稿》《中国近代建筑史稿》和《中华人民共和国建筑十年》(简称为"三史")的编写工作。父亲就是这一工作的主要负责人，在苏州园林的研究还在紧张进行的同时，这无疑给他增添了更加沉重的担子。父亲不但要积极奔走与组织筹划，还要对史稿的内容进行仔细的核校，为此常常在病中仍然主持编审会议。这史稿后来以《中国建筑简史》为名发行，分为两册，第一册是古代部分，第二册是近代部分，于1962年由中国工业出版社出版。而大型图片画册《建筑十年》，则在1959年底发行。

根据当时中国与苏联互订的文化协定，我国将为苏联建筑科学院主编的多卷集《世界建筑通史》提供内中的中国古代建筑史稿，这担子又于1959年5月落到父亲肩上。为此他组织了国内高等学校和科研单位的许多同志，先后撰写了一、二、三稿。之后，因为中苏关系的变化，此稿改为国内发行，故内容也须加以补充与修订。当时建工部刘秀峰部长亲自指导，决定再增加梁思成、汪之力为主编，又扩大编委会和增加具体工作的人员，当时从事古建筑教学与科研的几乎全部人杰和考古学界的许多专家，都被邀请参加了此书的编写或审议。此书经过反复讨论与修改，费时七年，前后八稿，至1966年方最终定稿。但是因为随之而来的"文化大革命"动乱，此书直到1980年才由中国建筑工业出版社正式出版。由于内中所载资料丰富，且插图精美，行文流畅，至目前为止，它仍被列为研究中国古代建筑史的重要参考书籍。该书后获国家建筑工程总局1980年度优秀科研成果一等奖，又获 1979—1981 年全国优秀科技图书奖。

虽然父亲此时的研究重点已放在苏州园林和编史工作上，但对其他类型的古建筑（如石阙、佛塔、无梁殿等）仍然给予许多关心与注意，并努力在这些方面作出新的研究与探讨。其有关著作如《皖南歙县发现的古建筑的初步调查》《山东平邑汉阙》《苏州云岩寺塔》《南京灵谷寺无梁殿的建造年代与式样来源》等，现均收入《刘敦桢全集》第四卷内。

在教学方面，父亲因患肺支气管肿大，1957 年以后就不再上大课，而致力于培养青年教师与研究生。他曾于 1953 年招收了章明、邵俊仪、胡思永和乐卫忠四名中国建筑史研究生，除了亲自讲课与答疑外，还带领他们长途跋涉，到山东、河南、山西、陕西、河北及北京等省市参观与测绘古建筑。1961 年父亲又招收了东方建筑史的研究生吕国刚，为此对印度的古代建筑历史做了长期的研究准备并写下了详细的教案，随后正式讲授了这门课程，这在国内还是独一无二的创举。就在"万事俱备"的情况下，却爆发了"文化大革命"，这使得这一十分重要和特殊的研究工作"胎死腹中"而未能实现。

父亲对自己的学生、助手和工作人员的学习和工作的要求是严格的，要求他们必须按质按量完成任务，否则不予通过。例如在《苏州古典园林》和《中国古代建筑史》中都有大量钢笔绘制的插图，其构图格局与表现技巧都达上乘。殊不知内中有不少经过多次返工，每一次绘制都需要付出相当时间的艰巨劳动。学生对多次返工不可能没有怨言，但为了保证著作的质量，那些意见后来也就怡然冰释了。对于那些勤奋努力而又有才华的青年人，父亲总是尽可能从工作、学习和生活上给予帮助，解决他们在工作调动、工资调整、职务晋升等方面的具体困难，并使他们有较多和较好的锻炼成长机会。他 50 年代初期的助手，如潘谷西、齐康、郭湖生和刘先觉，现在都是建筑系和研究所的教授和学科带头人。

父亲对自己的学习和工作抓得很紧，事前总要先制订计划，并努力依此执行，因此在工作中表现为胸有成竹，有条不紊。在对待具体问题的实施时，他的态度也是非常严肃认真的。就以写信这件普通的事情为例，凡是有人来信，他必亲自回复，从不假手他人，而且大多先写出草稿，经斟酌的修改后，再誊清寄出。信中的每个字都写得端端正正，连标点符号也分得清清楚楚。其他如文稿、笔记等，莫不如此。在那些工整而隽秀的字里行间，可以看到他毕生一丝不苟的精神和严谨认真的态度。

父亲经常出差在外，在家里除了吃饭、睡觉，大多都在他的书室里写作或看书，周末和假期亦不例外。他在生活上似乎没有什么爱好，至少在我的记忆之中，他既不玩牌也不下棋，不看电影或戏剧，也不喝酒，但饮茶和抽一点烟，后者大概也算不得是什么嗜好，而是他作为工作时振奋精神的手段罢了。

由于出身于封建家庭并长期接受资产阶级教育，父亲深感在许多方面和人民的要求相距甚远，因此能够积极地对待自己的思想改造。党和国家一直都很关心和重视父亲的工作和进步，并且不断地给予他许多鼓励和支持。1951—1953年父亲被选为南京市人民代表大会代表，1954年被选为江苏省人民代表大会代表，1964年又被选为第三届全国人民代表大会代表。1955年被任命为一级教授及中国科学院技术科学部学部委员。1956年3月，父亲光荣地加入了中国共产党，从此成为中国工人阶级先锋队中的一名战士。这使他万分激动，感到今后责任更加重大。1956年7月，父亲随中国建筑师代表团访问了波兰和苏联的许多城市。1959年1月又率领中国文化代表团前往印度，曾受到当时印度总理尼赫鲁的接见与印度文化界的热烈欢迎。

由于工作和生活环境的关系，父亲的较密往来大多限于自己的同行或相近的专业人士。除了学社的成员以外，在建筑学界中有童寯、杨廷宝、龙庆忠、柳士英、陈植、哈雄文、陈从周等先生，考古界有夏鼐、曾昭燏、董作宾，科技界有吴有训、童第周诸先辈，而其中过往最密切的要数童寯和杨廷宝二位了。他们不但友谊深远，而且还长期共事，从重庆沙坪坝到南京四牌楼，数十年合作无间。他们都是学术上有造诣的一代大师，业务上各有所长，性格上也不一致，但都彼此尊重与了解，在工作中相互支持和帮助，在生活上相互关怀，友情非常深厚。这种真挚而亲密的友情一直延续到三位老人的最后一息，并且还"遗传"下来，留给了他们的子孙后代。

记得在新中国成立初期，当时任文化部文物局局长的郑振铎同志，曾多次到家里来访问父亲。郑振铎是我国一位著名的历史学家和文学家，新中国成立前后都为保护与抢救国家珍贵文化而极负盛名。他极力邀请父亲去北京图书馆或文化部文物局工作，都被婉言谢绝了。不幸的是，这位著名的学者竟在一次坠机事件中遇难。父亲为失去这样一位文化界的巨人和老友而深感悲痛。

也是在新中国成立初期的一次偶然机会，当时任上海市长的陈毅同志，要父亲陪他和任军事学院院长的刘伯承同志到栖霞山一带参观古迹。途中刘伯承讲了许多抗日战争时期在豫西剿匪的故事，那里的土匪由来已久，并掌握了一整套对付官军的办法，历来无往不利。可是八路军用发动群众和军事进剿并举的方法（例如利用地道连通水井……），在不长的时期内就把他们消灭得一干二净，而那些"反围剿"的巧妙办法，则被利用到对付日本侵略军的游击战中而"为人民服务"了。后来陈毅同志问起父亲的籍贯时，竟笑眯眯地说："我们还是小同乡嘛！"原来他的祖先是从湖南新宁迁到四川去的，抗战以前每年都要派人专程返乡祭祖。这件有趣的逸事，可能许多写陈老总传记的人也不知晓，父亲听了确是大出意外。

1966 年在全国掀起的"无产阶级文化大革命"给中国革命和建设带来的危害和影响已是人所共知的了。当时以父亲的处境和经历，当然也是校中首当其冲的重点人物。由于在他个人历史、经济关系和私人生活上都找不出什么问题来，因此批判重点就落到他的科研工作上。特别是对中国古典园林的研究，更成为众矢之的，说他是"假借整理民族文化之名，积极宣扬封建阶级腐朽和没落的一面"。否定一切的思潮以及无中生有的漫骂和攻击，使父亲思想上感到极为苦闷。精神上的重压和外界越来越多的干扰，终于使他倒下了。好不容易住进了医院后的第二个月，在检查中发现了癌细胞。父亲是一个内向的人，平时说话不多，以后的话就更少了。从他那更多的沉默和深邃的目光里，我想他可能已经猜到了自己的最后结局。1968 年 4 月 30 日凌晨，父亲默默地离开了他的亲人和未完成的工作，与世长辞了。又经过了风风雨雨的许多岁月，聚集在中国上空的乌云重雾逐渐消散，"四人帮"的彻底覆灭和随之而来的拨乱反正，使得我们的国家在各方面又重新走上了正轨。父亲在那场运动中所蒙受的冤屈也得到了昭雪，1979 年 12 月，上级和学校为他召开了隆重的平反与追悼大会，并将骨灰安葬在雨花台公墓。虽然惨痛的损失已无法弥补，但对于死者和生者，这仍然是一个很大的安慰。光阴如白驹过隙，70 年在人类历史长河中只是刹那间的一瞬，但父亲的一生，却经历了中国近代历史中最关键的那段时期。从中华民族最后的封建王朝转变到社会主义的新中国，在这片辽阔土地上出现了翻天覆地的变化，整个世界为之眼花缭乱。然就个人而言，这则是一段交织着黑暗与光明、曲折与坦途的漫长跋涉。

虽然生活中的种种遭遇使他备尝苦辛而且一言难尽，但所有的困难和挫折都没能使他放弃献身科学的理想。正是这理想使他无视工作中的艰苦和生活上的贫困，并鄙夷人世间芸芸众生所追逐的地位与金钱。

父亲常讲自己的天赋不高，思维亦不若他人敏捷机智，在各方面都只算得是"中人之材"而已，要迎头赶上学界的佼佼者，只有依靠自己的加倍努力，所谓"勤能补拙"就是他一直遵循的座右铭。他平时博览群书，经常手执一卷，无论春夏秋冬，还是假期节日，都是如此。这种数十年如一日的勤奋努力，不但使他在知识宝库的发掘中获得丰收，而且也为我们后辈树立了一个很好的学习榜样。在开展工作方面，特别是在进行大规模的科研或编史工作中，一个人的能力再强也是无法单独完成任务的。父亲在主持这样的工作时，特别注意团结并充分发挥大家的积极性。例如在编写"三史"之一的《中国古代建筑史》时，他曾经动员了全国建筑史学界的一切力量。对于如此众多而且各有专长的人士，使大家都能人尽其才，而又相互协调，密切合作，的确是一件不容易的事。况且这工作前后延迤七年，八易其稿，其间人员与体裁都屡经变更，因此组织和协调工作十分艰巨。但工作最后终于胜利完成，写出了一部有着丰富内容和很高质量的学术著作，历次参加工作的同志们也都感到十分愉快和满意。推其原因，除了大家认识到此项工作意义的重大，从而积极地发挥了主观能动性以外，主持者的秉公无私与不囿于门户之见，能充分发扬各家之长，冶群力群策于一炉，又虚心听取各方意见，进行反复和认真的研究与修改，也是使得这一工作能够取得圆满成功的重要因素。

父亲离开我们已经 20 年了。当年出世的婴儿，现在已是风华正茂的年轻一代，那时栽植的幼苗，而今也都成长为叶密根深的栋材。建筑史学这一学科和其他的领域一样，近年也得到了蓬勃的发展。新的探索和开拓在进行，力图在前人已达到的基础上，将这一学科的研究水平推进到更新与更高的水平上去。对于如此大好的"长江后浪推前浪"的新局面，如果父亲逝而有灵，一定会含笑于九泉的。

开拓者的功绩不可磨灭。我们必须沿着先辈留下的足迹，继续披荆斩棘，为完成前人未竟的事业而奋勇前进！

（本文摘自《脚印·履痕·足音》，题标为本刊所加）

（东南大学建筑学院教授）

"不务正业"的跨界建筑师

苗 淼

跨界，是"边界"的淡化或消亡，是来自不同生活场景、专业领域的群体的相互触摸、共同参与到对方的场域、实现文化互动，并在此过程中实现对彼此的重新认识。近年来，在国际建筑界，越来越多的建筑师已经不愿将自己局限于高楼大厦、方寸图纸之间，他们打破边界，从文学到绘画，从时尚设计到材料研发，凭借着"一专多能"的出众才华，游刃有余地在"他人地盘"实现着自己建筑之外的梦想。

一、时尚圈，建筑师的乐园

建筑界与时尚界的合作很多，毕竟都来源于设计，艺术的设计都有共通性，更何况服饰设计也讲究建筑轮廓。英国品牌 United Nude 是在著名建筑师雷姆·库哈斯(Rem Koolhaas) 和鞋商 Galahad Clark 的共同合作下创办的，因此血脉里就融合了建筑与时尚的因素。款式简洁却有很多创新的细节，这正是建筑的美感融入了鞋子当中形成的特殊魅力。超现代的风格也激发了时尚圈各领域人群的创意思维。

哈佛大学设计研究生院建筑学教授乔治·西尔沃提（Jorge Silvetti）曾说："扎哈·哈迪德所设计的建筑物是当今建筑在空间产品中占据首位的最有说服力的证明。她对墙体、地面和房顶以及那些透明、互相交织和流动的空间所做的独具匠心的处理，生动地证明了作为艺术的建筑并未使人耗尽气力，它所需要的仅仅是想象力。"这样的异禀天赋和 CHANEL 相遇时，艺术与创新碰撞出了前所未有的耀眼火花，再次证明了建筑的想象力带来的影响——CHANEL Mobile Art，一个全新的艺术概念，在世界范围内以迅雷不及掩耳之势传播开来。这座由扎哈一手设计、被命名为 Mobile Art（流动的艺术）的项目，由数百块白色的砌板组成，在专业的安装工人手中，它会被组建成一座占地 700 平方米、高 6 米的博物馆，分拆之后，又可以很方便地装在集装箱中运往下一个目的地。Mobile Art 仿若一部为 CHANEL 而开拍的电影，策展人是导演，参与的艺术家是编剧，而演员则是那些充满无限创意的参展作品。这是一部独特的立体电影，它的特别之处除了主题和内容，还有那让人无法忽略的上演场地——由扎哈设计、充满弧形和流线型的白色展览馆。这个场地并非一般的建筑，而是一座城市的地貌——充满了流动的线条美，凌空而立。而扎哈也以 CHANEL 之名，创造了偌大的空间，而非单纯地兴建了一座流动的博物馆。

Christian Dior 曾声称"衣服是把女性身体比例显得更美丽的瞬间建筑"。也许在过往的艺术流派风格中我们可以找到些什么：哥特式的尖顶，巴洛克的优美曲形空间，或是极简主义让人过目不忘的流线……这些由点、线、面构建的经典轮廓永远是服装设计师的重要灵感来源。如此说来，建筑师跨界时尚圈也就顺理成章了，建筑师们纷纷"跨界"的举动让两个原本非常密切相关的产业之间的关系变得十分微妙。在 CHANEL Mobile Art 之后，扎哈的灵感一发不可收，不仅为 Louis Vuitton 设计了概念包袋，为 Swarovski 设计了配件，还为巴西制鞋品牌 Melissa 设计了鞋子。她最新的跨界设计，则是与 Lacoste 合作的鞋履系列。

从 CHANEL Mobile Art 到 Lacoste 的鞋履，一向狂妄的扎哈·哈迪德已成为时尚界的宠儿，她的设计有种艺术的"攻击性"，且具有极高的理论高度，有些甚至是反时尚的，也正因为如此，她可以玩时尚于掌股之间。

除了像库哈斯、扎哈这样的"大腕儿"，在国际时尚圈中还活跃着一批中青年建筑师，他们以特立独行的风格、天马行空的想象力在建筑界外开创了一片新天地。

意大利的杰出建筑师 Gaetano Pesce 与 Melissa 合作，为其设计了一款塑料踝靴。热爱有机的形状、喜欢曲线以及表面凹凸的空间的 Pesce 这次设计的靴子由不同大小的塑料圆片连接组成，充满了未来主义色彩。系列共有六种颜色：黑色、红色、白色、透明、蓝色和半透明的橙色。穿者可以根据他们的喜好任意改变靴子的形状，或是船鞋，或是凉拖，而达到这些仅仅需要一把剪刀的帮助。

游走在时尚与建筑之间，怡然自得的设计师 Elena Manferdini，有人称她的作品为"人体建筑"。她本身是建筑师，现阶段已经成立了个人服装品牌。Elena 擅用剪裁的技巧将建筑物件中最常看见的棱、角、多边形等元素，与布料形成美丽的共鸣。

二、工业设计，建筑师的试验田

作为 20 世纪建筑及设计界的传奇人物，Gio Ponti 与 Christofle 有数度交集。50 年的深厚友谊及艺术上的密切合作将这位意大利建筑师的辉煌事业与法国伟大银匠联结到了一起。合作中诞生了许多鸿篇巨制般的史诗级银制杰作，其中的一部分甚至鲜为人知。2010 年，首次面市的作品见证了 Christofle 卓尔不凡的艺术传统与永领潮流的时尚精神的完美结合。该系列由 25 件银器组成，均由 Gio Ponti 在 1928 至 1978 年期间设计创作，其中部分为 2008 年首次投入生产。

这些作品可谓是 Christofle 勇于创新及前卫精神的绝佳代表，其中主推的便是"爱箭烛台"。这件珍品借由射入心房的爱神之箭形象生动地比喻了法国手工与意大利设计的完美结合，充满了爱的赞许，是一件不可多得的佳作。Gio Ponti 将其对于建筑的设计理念淋漓尽致地展现于 Christofle 作品的设计之中。以 IL Diavdlo 装饰面具为典范，沿袭的摩登质感充满了视觉的创新，同时简洁的线条赋予作品清新隽永的气息，让人耳目一新。作为这段 50 年友情及亲密合作的另一个见证，Christofle 的档案馆里至今仍收藏着当时 Gio Ponti 为其创作的珍贵设计图稿。随着这些不同寻常的作品的重新发布，米兰艺术展沿着 Ponti 创作的三个重要阶段，追溯其艺术及风格的足迹。Christofle 展览展出了 Gio Ponti 与 Tony Bouilhet —— Christofle 的第四代家族传人及当时的管理者，以及银匠 Lino Sabattini 亲密合作的成果：正是这种友情将米兰和巴黎的伟大天才们紧紧联系在一起。

"美浓烧"是日本最为著名的瓷器，备受日本和欧美市场青睐。2011 年，日本岐阜县产业设计中心推出"美浓烧计划"，邀请 12 位日本当今最负盛名的建筑师，包括青木淳、矶崎新、伊东丰雄、隈研吾、妹岛和世、高松伸、竹山圣、團纪彦、长谷川逸子、阪茂、叶祥荣、六角鬼丈等人，合作设计、生产了 12 组造型独特的杯碟作品。建筑师跨界设计的杯碟，颠覆传统思维模式，凝聚了建筑师的建筑灵感和理念，克服了生产与技术关卡。杯碟的基础功能与造型的独特性融合在一起，创造出可以拿在手中把玩的建筑大师之作。

2011 年，工业设计师 William Lee 和建筑师 Manu Garza 等人跨界合作，打造出一款风格独特的椅子。这款椅子创意独特，造型看上去也十分"怪异"。作品具有雕塑感，而且具有双重功能。当椅子靠墙站立时，可以是一把椅子，但是放在地面的时候，又可能当成是一个咖啡桌或者书桌。胶合板覆盖上金属外皮，两种颜色可选，几何感强。模数化，可以堆叠。这是一款激发室内空间潜力，并与生活密切相连的作品。

三、汽车设计，建筑师毁誉参半

以上的建筑师们大都涉足家具和珠宝设计并大获成功，但对于机动车的设计，建筑师即便抱有兴趣，在面对高科技与机械动能问题时，多数人还是为了避免"贻笑大方"而掉转了头。2011年，服务了英国将近50年的双层巴士Routemaster退出了历史舞台，但是伦敦人仍不忍将它抛弃。2009年，伦敦市市长鲍里斯·约翰逊（Boris Johnson）发起了一次"伦敦新巴士设计竞赛"，冠军被诺曼·福斯特带领的设计团队和一家叫做Capoco Design的专业公交车设计公司共同获得，但是制造商Wrightbus随后提交的Thomas Heatherwick的设计方案促成了现在公布的Routemaster II造型。

事实上，早在20世纪早期，许多建筑师就对"时尚功能"与"现代工艺"兼备的汽车设计表现出了极大的兴趣，尤其是那些喜好创新的现代派们就更想亲自试试手了。现代派建筑大师勒·柯布西耶（Le Corbusier）就曾给自己那辆迷你Voiture提出过一个激进的改造计划，还对自己的这项设计进行了公开发表——但最终，它没能圆设计师的梦，没有在现实中被造出来。当然，建筑师与汽车设计的"联姻"中也并非没有惊艳之作。在20世纪30年代晚期，德国包豪斯建筑学校的校长、现代派建筑大师瓦尔特·格罗皮乌斯(Walter Gropius)为Adler Standard设计了一款公交巴士，外形之优雅美观备受赞誉。美国建筑师法兰克·洛伊·莱特(Frank Lloyd Wright)是建筑界一位颇具争议性的"车迷"，他总是不时将现有的车型改造成自己喜欢的风格。比如对福特公司1940年推出的那款林肯Continental，他就进行了如下的改造：切开了半边车顶，给后视镜上了色，放低了前挡风玻璃，还将整个车身涂成了耀眼的亮橙色。

也许，有些建筑师对那些设计汽车的人满怀嫉妒，因为，尽管汽车的历史远比不上建筑那么长，但是建筑却永远做不到汽车的"流动性"和"自由度"——它们永远都是静止的，凝固不动的。有意思的是，不少知名建筑师就是因为受到了某些汽车大品牌的眷顾而满足了自己设计汽车的"私欲"。

比如，扎哈和 BMW，荷兰建筑设计团队 UNStudio 和 Mercedes，马西米利亚诺·富克萨斯（Massimiliano Fuksas）和 Ferrari，Future Systems 和 Maserati，当然，还有福斯特和 McLaren 以及 Renault。

让我们回过头来看看这辆被誉为"城市画卷中一道极富戏剧张力的隔断"的伦敦新巴士，它的设计者是上海世博会上英国馆"蒲公英"的建筑师 Thomas Heatherwick。在他眼里，经典的双层红色大巴，应成为"城市建筑的一部分"。在谈到伦敦新巴士设计理念时，他说道："我们一直在尝试，完全不受约束地了解事物的本质。Routemaster II 就是一个很好的例子。我认为，红色的双层巴士符合伦敦式的建筑风格——这么高的一辆车驶过。所以我问自己，当我需要设计 600 个新式建筑的时候，我该怎么做。哪怕就是一辆车，它也不是速度的问题，而是关于魅力、高贵和优美的问题。"

随着 Routemaster II 成功取代在英国使用了将近 50 年的红色双层巴士，Thomas Heatherwick 这位世界建筑界的新宠，也成为第一位成功设计出交通工具并正式投入使用的建筑师。

四、"玩"出名堂的建筑师

一个小小的魔方，可以有 4 325 亿种排列方式，但最终只有一种解决办法。科学家证实，归位任何一个错乱的魔方，其方法都不会超过 26 个步骤。这或许就是魔方畅销 35 年的魅力。

目前解开魔方最快的是荷兰的一个男孩，他的时间是七秒零八；而最慢的，是一位 45 岁的曼彻斯特男子，他为一个魔方痴迷了 26 年，当终于解开的一刹那，竟然激动得流泪。

这个让无数人为之着迷的发明专利，让匈牙利建筑师埃内·鲁比克成为东欧第一个白手起家的"草根"百万富翁，也让他成为匈牙利数一数二的大富豪。

现年 65 岁的鲁比克已经退休，他跟妻子和四个孩子一起，居住在他的家乡——匈牙利布达佩斯。生活中的鲁比克，更乐于享受他安静闲适的退休生活。

他在布达佩斯的家，几乎就是一个巨大的魔方，色彩鲜明，空间另类。作为建筑师和雕刻家的鲁比克，对色彩和空间异常敏感，他把家里弄得好像一个"彩色的迷宫"。鲁比克 2007 年 5 月对《人物》杂志说："除了上班，我就喜欢在自己的家里待着，每天鼓捣各种稀奇古怪的玩具。这让我觉得生活是完整而好玩儿的。"

鲁比克发明魔方，其实完全是个偶然。1974年，鲁比克在教授学生空间意识的时候，制作了一个这样的模型。"我通常喜欢用模型来表达我说的东西，那样更直观和具体。"鲁比克说，"这个模型起初我并没有在意，当某一次我把它弄乱，发现很难把它们弄回来时，我意识到这不是个简单的模型了。"此后，鲁比克花了好几个星期的时间，去研究各方块的位置关系，最后才使魔方恢复了原状。他认为这实在是一种很有教育价值的智力玩具，于是写下了这种玩具结构的详细说明，第一批魔方产品于1977年在匈牙利问世。鲁比克把偶然发明的魔方，归功于他的建筑学的出身。鲁比克的父亲是一位滑翔机工程师，母亲是位诗人。"他们的理性和感性都体现在我身上，所以我选择了建筑学做我的职业，魔方不是一项发明，是一件很科学的艺术品。"

2010年，美国建筑师贝格在澳门威尼斯人度假酒店成功打破自己之前保持的"世界最大型扑克牌建筑"的吉尼斯世界纪录。贝格此次耗时44天，用218 792张扑克牌堆叠出了澳门威尼斯人度假酒店、澳门百利宫和澳门金沙三座纸房子建筑物。整个扑克牌建筑物长10.5米、高3米，总重量达272公斤，如果将所用的扑克牌摊平摆放，也就是每张扑克牌的首尾连接在一起，长度可达21公里。而且这座建筑物是在没有胶水、胶纸或者任何黏合剂等联系材料的条件下建成的。贝格毕业于哈佛大学研究生院设计学专业，他表示自己是受到祖父的启发才想要建一些澳门建筑，而且这是他看过的最壮观的项目。他是之前多项扑克牌建筑的世界纪录创造者和保持者，他的作品包括美国华盛顿白宫、迪斯尼乐园里的灰姑娘城堡、北京奥运会纪念建筑等。

五、失业建筑师未远离艺术

近几年，糟糕的经济环境和房地产市场的破灭，让数以千计的建筑师和室内设计师失业。美国劳动部门提供的数据显示，去年7月在建筑公司的就业人数达22.4万人。去年11月，这个数字下降到18.5万人。利·安·布莱克失业以前是西雅图的建筑设计师。经过一段长期而艰辛的求职历程之后，她放弃了，去年6月回到家乡，照顾有病在身的祖母。

30岁的布莱克住在父母家车库的楼上，生活有点困难。她发现自己开始沉迷于陶瓷。最近，她把自家农场的老马棚改建成工作室，计划参与当地陶瓷工人的一些制陶项目，并且希望能在农场的集市上卖出她制作的器具。她还希望，有朝一日可以做艺术系的老师。布莱克说："现在的情况是我刚满 30 岁时无法想象的。我为回到家乡而感到庆幸。在家乡，我不用为租金、车贷、日用品这些日常开支而感到烦恼。现在，我有了更轻松的空间。"33 岁的戴比·凡·塞尔去年 5 月被洛杉矶一家住宅设计公司辞退后，决定做一个自由设计师。后来，他找到了为盖提博物馆和亨廷顿博物馆做展览设计的工作。新工作不太忙，在闲暇时，她开始缝制一些被她称作为"小怪物"的小动物玩具，比如章鱼和水母。随后，在她博客读者的强烈要求下，她开始在网上卖这些小东西，所得的收入足够支付近几个月的房租和一些其他开支。戴比·凡·塞尔说："我曾以为会受到专业所限，或一定要学以致用，但经济的下滑打击了我。我也明白职业生涯是由市场所决定的。这促使我奋进，并让我变得更有个性。我的座右铭就是：不要随便说'不'。"设计的魅力没有边界，活跃在各个领域的建筑师们，通过一件件跨界作品，透露着他们对美的见解，对生活的热爱，对智慧的激发，对个性的张扬。他们正在用无边的创造力一点一滴地改变我们的生活，让平凡变得不凡。这也是为何千千万万的设计师对自己的事业抱有极大热情的原因，他们就像伦敦奥运火炬那燃烧的花瓣一样，用自己的创造力改变着这个世界，会聚心火，照亮生活。

（根据美国《人物》杂志官网、www.architectureweek.com、www.skyscrapernews.com、www.worldarchitecturenews.com、《纽约时报》官网等整理）

（《中国建筑文化遗产》总编辑助理）

《勒·柯布西耶全集》第一版引言

柯布西耶

一个编辑，两个年轻的建筑师，联合了他们美好的愿望，使这本书成为我们工作的一个总结。新生代的关注是令人喜悦的。但，倘若这本书变成了凝固我们的发展、并使其停滞于一个死沉沉的句点的最后总结，那将是令人悲哀的。尽管我已四十有二，但我仍然是个学生。而且今天，我比其他任何时候都更感觉到一股力量的迫近；今天，正是这股力量鼓动着整个世界。我解析决定我们这个时代性格的要素，我相信这个时代，且我所力图使人明白的绝不仅仅是它外在的表象，而是它内在的意义：富于创造性的意义；建筑的真理不也正在于此吗？形色的风格，浮浅的时尚，过眼的烟云——幻象，把戏。相反，是建筑现象的壮美抓住了我们，通过它，我领悟了结构[1]在精神层面上的性质。结构，通过创造性的力，形成一个体系，能够表达当前事件之综合，而非仅凭一时心血来潮表达的个人观点。我不相信所谓的自发的普遍公式，我也不相信所谓的内在的固有格式；我相信的是，每个召唤精神的建筑，仍是且永远是个人的作品。一个在此，一个在彼。观察、理解、抉择、创造，如此，便出现了解答；如此，其他人便认出了自己。

结晶在一个人心底形成的时刻，是最最动情的，那便是，创造。创造的力量，正如我在其中所发现的，每一个人，不论其所具有的的这种力量是渺小，是平凡，还是伟大，他都可在那里找到幸福的秘密。尽管每跨上一步台阶困难也会随之增长，但能够日复一日地追逐这快乐，我就是幸福的。而我所悲的是竟少有人理解快乐的源泉即在于此，却执迷不悟地向别处寻求那达不到的或虚妄的天堂。

---

[1] 建筑于我意味着通过精神的建造来行动。

现代建筑师的使命是如此繁复，他得无处不在，且日日被成千的琐事所扰。我，在一旁，在一座宁静的花园里，培植着艺术的鉴赏力。"艺术"这个词，我知道，为青年一辈所不齿①，他们相信这样便可以根除学院派的不绝之患。倘若我不得不意识到诸世纪的垃圾玷污了我的手，那我也宁愿濯洗它，而非切除它。何况，我的手，诸世纪非但没有玷污它，却盈满了它。涉足艺术，你便成为自己的法官，你唯一的主人；面对白板，我们所铭刻其上的将是我们自己人格的不掺假也不容掺假的产物。这就意味着对责任的充分意识；于此，我们展示自我，认识自我——实实在在，原原本本的模样，不多一分，不减一毫。也就是说，磊落地把自己呈现于公众的评判之前，而不要再躲藏在偶然性之后。偶然性，失败总归咎于它，成功了却对它只字不提。

建筑，首先必须清楚明白地提出问题。这是一切的基础，这是决定性的时刻。我们是否可以将问题限定为对功能的彻底满足？那么，首先要回答的是，什么是功能。美，诗意，和谐，它们是否构成现代人生活的一部分？或者，对于现代人，居住的机器是否仅仅只是一部机器？于我，最美的人类情感便是追求和谐。无限之中，目标明确；它无限，因为它无处不在。

直到 1907 年，在我出生的小城，我有幸师从艾普拉特尼尔（L'Epplatenier），一位极富魅力的老师；是他为我推开了艺术之门。我们就这样跟随着他，认识了各个时期各个国家的杰出作品。我还记得那个简陋的书架，就设置在画室的壁橱里，在那里收集了所有他认为对我们必不可少的精神食粮。而后是各地的游历。我结识了欧仁·格拉赛（Eugène Grasset），这位 20 世纪的精神之父。正是他为我指引了奥古斯特·佩雷（Auguste Perret）。今天的读者是否还能回想起 1908–1909 年间，佩雷所扮演的英雄角色？他断言了钢筋混凝土的建造，他还断言——继博多（Baudot）之后——新的建造方法必将带来新的建造态度。奥古斯特·佩雷在现代建筑的历史中无疑踞有一席，而且地位很高。他是个建立者。1910 年，当我在德国提到他，并称其为迄今为止唯一一个踏上建筑新方向之道路的人时，人们嘲笑，人们怀疑，

---

① 1928 年，围绕"功能主义"的激烈辩论。

人们充耳不闻；人们根本就无视他的存在。人们把他建在富兰克林大街的住宅视为"新艺术风格"，就因为他在外面贴了瓷砖！但是，听到了吗？这房子是个宣言！ 1908–1909年间，奥古斯特·佩雷让我认识了钢筋混凝土，他和我谈机器馆①。"装饰，"他说， "掩饰的往往是构造的错误。"忘了吗？在这个时代，在所有的国度，人们装饰，有装饰品的装饰，没有装饰品的也装饰，因为他们尚未等来真正的建筑——一个时代精神的表达。人们自觉是处在一种怠惰的、彻底没落的、完全不景气的状态之中。然而，自从史蒂芬森发明了蒸汽机，一个新的时代开始了。每一个人都有那么一个动荡的阶段，我们开始学着与人打交道，我们离开学生时代，我们满怀信心地投入到生活的伟大游戏中来，并相信，生活向着怀有美好意愿的人敞开，力量——恒，信，知——皆毫无保留地呈现，和着朴实而本真的骄傲，便有了蚍蜉撼树之勇，撼动那棵扎根单调生活的冷漠之树。就在这个时候，我恰好结识了一位年长的朋友，款待了我的犹豫和惊奇。他不相信塞尚 (Cézanne)，他更不相信毕加索 (Picasso)，但这丝毫未隔阂我们。他是彻底的唯科学主义者。但，在自然的现象面前，在撕裂人类的纷争面前，他会动容。我们一同遍访名山大川——湖泊，高原，阿尔卑斯山。渐渐地，一点一点地，我变得愈发坚定，我明白一切都得靠自己。我的这位朋友名叫 William Ritter。

大约是在1907年，在里昂，我结识了托尼·加尼埃 (Tony Ganier)。这位前罗马大奖得主，他的"工业城市"的方案就是从罗马寄来的。透过社会现象，这个人感觉到新建筑降生的临近。他的方案显示了他的娴熟。那是百年法国建筑演进的结果，深受法兰西规划科学的影响。但，那些教授们，那些思想肤浅的教授们轻率地对待这百年的演进，在学校里教他们的学生如何避开所有的现实，建造虚浮夸耀的、自命不凡的空中楼阁。然而，现世的生活撞击着这"不朽的穹顶"，在生活的围攻下，象牙塔必将倒掉。革命的思想已经在建筑学校的学生中间燃起。他们的西服上不别一枚教育勋章，他们开始为这些古怪的艺术作品感到不安——它们除了符合一个假定存在的社会，似乎别无他用。

战争期间，我一度离开了所有的建筑活动。战后，我感到被卷入了工业和经济的问题之中。我开始意识到我们正处在怎样一个喧嚣而不可思议的时代。我开始意识到，终有一天，它将势不可挡地产生出属于自己的

---

① 由工程师 Cottancin 为1889年巴黎博览会修建，1909年拆毁。弗朗兹·儒尔丹（Frantz Jourdain）将此拆毁称为"对艺术的摧残"。

建筑。一个新的时代不正在降生的阵痛之中吗？

"一个伟大的时代开始了，它新的生命源于新的精神：建造与综合的精神，由明晰的概念所驱动。"就是这一句，1920 年，德梅（Dermée）、奥赞方（Ozenfant）和我，我们一同创办了《新精神》，一本关注当代活动的国际杂志。讨论被提升到一个新的高度。艺术家们得以发现，得以察觉那些热情洋溢鼓舞人心的事件……一个伟大的时代开始了……

豁然地，建筑的问题找到了它的民众。军团在各个国家形成，集结在未来的旗帜下，承受着同样的压力，渴望着同样的创造性理念。几年的时间，国际建筑诞生了，它是现代科学的女儿，它是社会新思的仆人。

新的建筑诞生了。它年青，它太年青。而学院派的挣扎是如此激烈。它正躅向死亡。对此它何尝不知？它用爪和喙反抗。死期到了，气数尽了，但它的哀号仍四壁回荡。

学院派在奥斯曼大道打开了豁口。它给巴黎绘制了一条直抵星形广场的凯旋大道。它需要荣誉，需要战利品；不过，它忘了巴黎的日渐萧条，忘了巴黎已经被机器压垮。在这个摇摇欲坠的城市，它却在盘算它的扈从和凯旋。结核病在贫民区蔓延。如此的战利品所来何用？全世界再也没有哪一家杂志愿意上演这临终一幕①。但是，新的建筑已经诞生，它是我们这个时代精神的表达。生命的力量更加顽强。

1922 年，联合我的堂弟皮埃尔，凭着正直、乐观、开拓和不屈不挠的精神，当然还伴着好心情，我们开干了。两个相互了解的兄弟强过 5 个各怀异心的路人。既然我们不逐名利之事，那也就绝不允许妥协。我们全身心地投入创造性的研究中来，那里是快乐之源。于是我们设计，从精微的细节到庞大的整体，再到城市的研究。在我们塞维（Sèvres）大街的事务所里，有来自各个地方的满怀热忱与激情的年轻人（法国、德国、捷克斯洛伐克、瑞士、英国、美国、土耳其、南斯拉夫、波兰、西班牙和日本），他们带来无私的帮助。大家一起干，自由融洽，又有共识的纪律。正是这些年轻人的慷慨相助，我们才得以进行这无利可图的工作。也许，有一天，我们的工作能应当代社会之急需。

1900 年前后出现了一项壮举：新艺术运动。一个悠久的文明抖落了它的

---

① 这些辛辣的文字写于学院派扬扬得意之时（人们会记住他们是以怎样的手段），当时，日内瓦国际联盟宫的建造最终委托给了 4 位学院派建筑师。

破衣衫。1908 年，当我来到巴黎的时候，弗朗兹·儒尔丹[①]的"Samaritaine"就已经矗立在那里了。但这个时代，我们自以为不乏幽默感地嘲笑他那布满铁艺浅浮雕的金属穹顶时，却忽视了全玻璃的侧立面（1929 年莫斯科中央局方案我们采用的就是全玻璃立面）。我们知道在维也纳，在这个传统影响并不强大的国度，奥托·瓦格纳 (Otto Wagner) 做了创立新审美的尝试；我们还知道，约瑟夫·霍夫曼[②] (Joseph Hoffmann) 设计了一个内部充满想象和趣味的建筑。而巴黎却完全笼罩在学院派的昏沉之中。但，这只是表象。我曾常去 Cassini 街，仔细端详 Lecœur 的那两座小宅邸；我还常去 Réaumur 街，那儿有座钢和玻璃的宅子。那时候，人们刚刚把埃菲尔铁塔对面的机器馆拆除。博多设计的蒙马特 (Montmartre) 圣吉恩教堂，我们觉得它非常难看，但却忘了去认识这项发明的意义所在。更远处，是奥古斯特·佩雷于 1906 年建造的 Ponthieu 车库。埃菲尔铁塔位于塞纳河畔，一座钢结构的跨河步行桥就在旁边。只要睁开眼睛便会发现，工厂和大作坊的"带形窗"就在巴黎近郊，没有 40 年也得有 20 年了。然而当时盛行的却是新诺曼底风格。屋顶炫耀着，挺得跟金字塔一样高。建筑的创意似乎全局限在那令人缭乱的花哨之中。

1909 年的一天，巴黎美术学院建造课的教授生病了，由巴黎地铁主任工程师代课。"先生们，在下面几节特别的课程中，我将向你们介绍一种新的建造方法，就是，钢筋混凝土……"可他没法继续下去，倒彩、嘘声、口哨声淹没了他！学生们喊道："你把我们当包工头了吗！"于是，怯生生地，他开始讲中世纪的木屋架构造。

秋季沙龙举办的装饰艺术展一时间引起轰动。人们见识了新的室内。但那实际上只不过是老酒换新瓶。1913 年，一本杂志带来了弗兰克·劳埃德·赖特 (Frank Lloyd Wright) 的作品，这位先驱是一位更伟大先驱沙利文 (Sullivan) 的弟子。中欧诸国——比利时、荷兰、德国——一方面他们追随 1900 年在法国掀起的运动，另一方面，他们想方设法回避新艺术运动的肤浅。但实际上，人们还是遵循着历史的范例，并力图赋予其现代的意义，使其符合时代精神的节拍。贝尔拉格 (Berlage) (创造性的努力)，泰森诺 (Tessonow) (简洁、经济)，凡·德·费尔德 (Van de

① 弗朗兹·儒尔丹（1847—1935 年），法国建筑师兼艺术评论家，新艺术运动的领军人物，代表作 Samaritaine 商店（巴黎）。1903 年，他创办了秋季沙龙。——译注
② 约瑟夫·霍夫曼（1870—1956 年），奥地利建筑师，奥托·瓦格纳的弟子，新艺术运动及功能主义的代表人物之一。——译注

Velde)（绘画），以及贝伦斯 (Behrens)（绘画），以一种新的精神姿态，追求建筑的目的和审美的意图。当然，我不可能一一列举这个动荡时代的所有先驱。在"明星"的周围是不计其数的研究者，他们的工作涉及方方面面，他们的目的只有一个——建筑的复活。

战后，我们见识了弗雷森纳 [①]（Freyssinet）在 Orly 的库房，见识了美国的谷仓。它们博得了一致的赞誉。十年，我们目睹了航空工业的诞生。战争，它本身并不创造，但通过技术进步，它加速了现代建筑的诞生。

我 13 岁半离开学校，当了 3 年的雕镂工学徒。17 岁有幸遇到一位不怀成见的先生，把他别墅的设计委托给我。我用极大的细心和丰富的细节来建造它，真是动人！当时我才十八九岁。这栋别墅可能挺糟糕，可它至少没有受建筑陈规的影响。从那时起，我坚信，一栋房子是这样的：它由工人用材料建造，成功与否取决于平面和剖面。我对学校的教育怀有极大的恐惧：包医百病的药方，神不可犯的规则。我意识到，在这个不确定的阶段，唤醒自己的判断有多重要。用省下来的钱，我游历了几个国家，远离学院，做一些实践的工作谋生。我睁开了我的眼睛。

有一天，人类的创造达到无可置疑的明晰状态，它们形成体系；而后，被纂入法典；最后，被送进博物馆，那儿便是它们的坟墓。新的思想又产生了，新的发明又涌现了，一切都被怀疑，所有皆被掀翻。周而复始，永不停歇。终有一日会衰竭的是个人的创造力：但那也仅仅是个人的，而绝非建筑的终结。新的一代继往而来，他们毫不客气地爬到你的头上，踩在你的肩上，他们不会向跳板言谢，他们只顾向前冲，轮到他们把思想投向更远方。

新生，现代建筑方兴未艾，但它必与今日途殊。明日发生的事情，我们在今日的现实中无法想象。不过，别担心，也别担心今天，这只不过是新时代的一道曙光。

Le Corbusier

1929 年 9 月于巴黎

---

① 弗雷森纳（1829—1962 年），法国工程师，他完善了预应力混凝土技术，带来结构上的革命。

缅怀思成兄

陈　植

学识渊博，才华横溢，毅力惊人，贡献杰出。这是我对思成兄一生的概括。在他诞生 85 周年之际，回忆与他同窗、共事，以后书信频繁的 50 余年漫长岁月，我感慨丛生，他那乐志的胸怀，敏捷的思路，热情的谈吐，爽朗的笑声，我至今未能忘怀。

思成兄肖牛，长我一岁。我曾告他：你牛劲十足，可以冲锋陷阵；我生于午刻，虎正酣睡，威力尽失。思成兄终于冲锋陷阵，驰名于国内外建筑界。1915 年我与他同入清华学校，因梁任公丈与我父亲、我叔友谊颇深，我与他亦即一见如故，在当时中等科（清华学校分中等科、高等科，学制各四年）同班级又同寝室。他性格爽宜，精力充沛，风趣幽默，与我意气相投，成为知己。

在清华的八年中，思成兄显示出多方面的才能，善于钢笔画，构思简洁，用笔或劲练或潇洒，曾在 1922–1923 年《清华年报》任美术编辑；酷爱音乐，与其弟思永及黄自等四五人向张蔼贞女士（何林一夫人）学钢琴，他还向菲律宾人范鲁索（Veloso）学小提琴。在课余孜孜不倦地学奏两种乐器是相当艰苦的，他则引以为乐。约在 1918 年，清华成立管乐队，由荷兰人海门斯（Hymens）任指挥，1919 年思成兄任队长。他吹第一小号，亦擅长短笛。当时北京学校中设乐队的，清华是首屈一指。记忆所及，在乐队演奏的有吴去非、应尚能、黄自、汤佩松、梁思永、谢启泰（即章汉夫）、张锐、周自安、梁思忠等 30 人左右，我亦曾滥竽其间。此外，思成兄还与同班的吴文藻、徐宗漱共四人将威尔斯的《世界史纲》译成中文，由商务印书馆出版。

建筑是无声的音乐，两者气息相通，有主调，有韵律，有节奏，有起伏。

思成兄在音乐方面的修养，绘画方面的基础，可能促使他在 1923 年清华毕业之前选择建筑作为专业。当时，清华 1918 级的朱彬，1919 级的赵深，1921 级的杨廷宝已在宾夕法尼亚大学专攻建筑，朱彬即将返国。经思成兄的鼓励，我欣然接受了他的建议同往费城就学。不幸的是当年春他遭车祸腿部骨折，推迟一年出国。1924 年他与已订婚的徽因姊（徽因实际上少我两岁）同入宾夕法尼亚大学，思成习建筑，徽因入美术系，选修建筑课程。毕业时他俩分别获建筑硕士、美术学士学位。

在宾大，担任思成兄与我的建筑设计导师的斯敦凡尔特教授曾获巴黎奖，在巴黎美术学院深造。思成兄就学期间全神以赴，好学不倦，给我以深刻的印象。我们常在交图前夕彻宵绘图或渲染，他是精益求精，我则在弥补因经常欣赏歌剧和交响乐而失去的时间。在当时"现代古典"之风盛行的影响下，思成兄在建筑设计方面鲜落窠臼，成绩斐然，几次被评为一级。他的设计构图简洁，朴实无华，但亦曾尝试将建筑与雕塑相结合，以巨型浮雕使大幅墙面增添风韵。他的渲染，水墨清澈，偶用水彩，色泽雅淡，明净脱俗。

除建筑设计外，思成兄对建筑史及古典装饰饶有兴趣，课余常在图书馆翻资料、做笔记、临插图，在掩卷之余，发思古之情。宾校的博物馆与建筑系大楼近在咫尺，规模不大，但名闻遐迩，藏有我国古代铜、陶、瓷等文物；其中最令人感叹的是唐太宗陵墓的"六骏"之一，竟被倒卖而存于异邦的博物馆。思成兄、徽因与我每往必对这一浑厚雄壮的浮雕凝视默赏。思成兄本人又常徘徊于佛像与汉唐冥器之间。考古已开始从喜爱逐渐成为他致志的方向。他对我国雕塑的鉴赏力是以后对石窟的壁画、造像、寺院的佛像等经过长期的考察、研究、鉴别而不断加强成为专家的。1947 年他从耶鲁大学进学返国时，曾言在考虑撰写中国雕塑史，惜终未能如愿以偿。由于钦佩他在这方面的深邃知识，在他 50 岁时我曾以隋代造像为赠。

1928 年思成兄与徽因姊在加拿大结婚，游历欧洲返国后，即在东北大学创立建筑系，思成兄任系主任，徽因姊为教授。1929 年我亦应邀任教，蔡方荫、童寯亦相继来建筑系执教。同年成立梁、林、陈、蔡（方荫）营造事务所，曾设计吉林大学总体及教学楼宿舍等工程。当时思成兄力主建筑形式要具有民族特色，但不应复古。吉林大学即以此创作原则尝试设计。思成兄与徽因姊由于久已致志于古建筑研究，1931 年夏决定应朱桂老（启钤，字桂辛，中国营造学社创始人）之聘赴北平参加中国营造学社，翌年刘士能兄亦被聘入社，即此开拓了我国古代建筑实测的道路，边测绘、研究，边考证、整理，对照有关法式、则例作比较，作论证，正如思成兄所说的，"研究古建筑，非作遗物之实地调查测绘不可"。应县木塔发现后，他心情振奋，驰函来告，后以渲染图的巨幅照片赠我留念，至今仍为我所珍藏。梁刘两兄在研究古建筑的漫长过程中，以锲而不舍，坚忍不拔的精神，树立了不可磨灭的功勋，"使中国古代建筑这一瑰宝，拂去尘埃，重放异彩于世界文化之林"（见《梁思成文集》中吴良镛、刘小石所作序）。在这一卓越的业绩中，徽因姊亦做出了非凡的贡献。

新中国成立以后，思成兄除继续在他所创建的清华建筑系任主任外，又任北京市都市计划委员会副主任，一片赤诚地为新中国的建设身体力行，出谋献策，特别对首都的城市性质，发展方向，规划原则，旧城改造，古迹保护等提出了极其宝贵的独特的意见。可惜他的保存城墙城楼的迫切呼吁未能见效，使世界上保存得最完整的古代城垣从此消失。吴良镛、刘小石两位在《梁思成文集》序言中对思成兄的杰出业绩作了全面的概括，精辟的论述，高度的评价，非拙笔可再阐扬。我认为思成兄所主持的天安门人民英雄纪念碑与扬州鉴真和尚纪念堂的设计，堪列为他在新中国成立后建筑创作的重要成就。惜鉴真纪念堂建成时，思成兄已于六年前与世长辞，不能与我们共赏他的高超匠心与精湛技艺。

追溯到抗战时期，我不得不对思成兄、徽因姊住李庄时，在经济窘困，重病缠身的处境下所表现的献身精神，惊人毅力，表示无限的钦佩。李庄是一个"四无"的小村镇，无医院，无药店，无电灯，无营养品。思成兄当时除脊椎软骨硬化（1947 年才从美国穿铁马甲回国）外，又患颈椎灰质化，徽因姊则肺病复发，经友人难得辗转带来的奶粉（徽因姊称之为"金粉"）迅即告尽。他俩在令人难以置信的困难下，顽强地战斗在建筑考古的衬底上，在两三枝灯草的菜油灯（当地无煤油供应）下，深夜阅读、写作。20 年前买的英文打字机色带用尽，思成兄亲自调制墨汁，涂在旧带上继续使用。他脊髓神经作痛，在写作绘图时必须以小花瓶撑住下颌，才能伏案工作。英文版的《图像中国建筑史》(A Pictorial History of Chinese Architecture) 就在他心力交瘁的情况下，由徽因姊悉心协助最后脱稿。此书是他呕心沥血十余年的结晶，书中所附的 210

余张图纸和照片曾由他 1947 年在美讲学归来前留交费正清夫人（系费慰梅女士）设法在美出版。

这一著作在 1984 年问世后在美国得到极高的评价。普林斯顿大学的中国文化史教授莫特 (Frederick W. Mote)、华盛顿费利尔美术博物馆馆长劳敦 (Thomas Lawton)、哈佛大学的东方美术教授雷尔 (Max Loehr) 等专家对这一名著表示了高度的赞赏，称之为"对中国文化的理解作出了最宝贵的贡献"，"不仅是对中国的叙述，而且可能成为有重要影响的历史性文献"。麻省理工学院的出版社亦因此获得 1984 年全美最优秀出版物的荣誉。这一名著是中国建筑学家第一次以英文撰写的具有权威性的中国建筑简史。它以近代的建筑表现方式，分析了中国建筑结构的基本体系及其各类部件的名称、功能与特点，叙述了不同时代的演变，阐明了主要建筑的类别，图文并茂，相互印证，深入浅出地作出系统性的论述，使中国建筑在国际上闪耀着灿烂的光辉。

思成兄的杰出贡献岂止上述数端。他于 1972 年谢世后，我时复怀念，追忆往事，情不能已，而每念及思成兄，亦必忆及徽因姊。今年（系 1986 年）是她的 82 诞辰，在思成兄的业绩中，无不渗透她的毕生辛劳。无论考察的长途跋涉，工作的探讨，文章的切磋，天生伉俪，甘苦与共。他两位对事业的忠诚与献身的精神，感人至深。徽因姊晚年长期卧病，犹以坚韧的毅力为建筑事业奋斗至生命的最后一息。她离世比思成兄早 17 年，但他两位的业绩当与日月共辉，永传不朽。

（原载《梁思成先生诞辰 85 周年纪念文集》，清华大学出版社，1986 年）

信史与书信

——惊读《建筑百家书信集》有感

顾孟潮

我喜欢读书信。不仅因为书信有它的珍贵性，更是由于书信常常具有真实性、亲切性和可读性。

读史可以使人明智。读书信可以说在很大程度上就是读历史——读真实可信的历史，即"信史"。

"文革"之后，改革开放以来，"还历史以本来的面目"是一个很艰巨的任务，成为许多有识之士为之奋斗的目标。因为，相当长时间，历史的可信程度大打折扣，常常令人疑窦丛生，仿佛历史已经变成了"任人打扮的小姑娘"，似乎谁有一定的权和钱，便可以成为历史上辉煌的角色。因此，可以作为信史的史书反而难以问世。所以，我感到《建筑百家书信集》作为信史史证的贡献更为难能可贵。

最近利用"五一"节长假，我研读了属于"建筑百家"丛书第三本的杨永生编《建筑百家书信集》（中国建筑工业出版社，2000 年 3 月版，20万字，135 页，定价 18 元，另两本为杨永生编《建筑百家言》和《建筑百家轶事》）。这真是一本难得的信史一类的佳作，它令我惊叹，令我激动，令我垂泪与深思……

打开目录页时就可以看到，收录的 74 封书信，都极有学术和史料价值。浏览目录上展示的发收信人的名字和年代就让人惊喜，为之吸引。如，书中收入梁思成先生 1932–1964 年写的 12 封信，刘敦桢先生 1957–1965 年写的 8 封信，杨廷宝先生 1974–1978 年写的 5 封信，陈植先生 1987–1996 年写的 4 封信，以及建筑界以外的钱学森、朱光潜、王朝闻、侯仁之、朱家溍、常沙娜、何祚庥、叶廷芳等诸位名家写的信。收信人的名字是 SenWoLee、梅贻琦、聂荣臻、朱德、周恩来、彭真、朱启钤、单士元、陈云、陈希同、刘敬民等。这些信的内容丰富耐读，让人不忍释手。如此精英荟萃的佳作有些久违了！

该书不仅有上述的史料价值，从某个侧面反映中国建筑史上近 70 年的重大史实、人物的真实情况，而且具有一定的学术价值。

从这些写信人和收信人的关系以及写信的目的和性质看，74 封信大致可以分为四类：①写给领导人的（17 封）；② 写给学生的（16 封）；③写给老师的；④ 写给朋友和同道的。前面两类尤其显得具有建筑学术和科学普及的价值，作者或者向领导人提出很有远见的重要建议，或者是向他们的学生传道、授业、解惑。这里写信人的诲人不倦、真诚负责的情态跃然纸上。后两类书信中，则透露出发收信人之间学而不厌、平等切磋、教学相长的良好学风和人品。当然，我这样的分类只是粗略的说法。往往在同一封信中兼而有之，收发信人彼此既是恩师又是益友，既有同道手足情谊，又为存在的问题共同焦虑，研究解决办法，这些成为让人学习的模范。

下面我举几个让我感受良多的实例。

梁思成在《致东北大学建筑系第一班毕业生信（1932.7）》中，不厌其详地强调"建筑师的业"，"直接地说是建筑物的创造，为社会解决衣食住三者中的住的问题，间接地说，是文化的记录者，是历史之照镜，所以你们的问题是十分繁重的，你们的责任是十分重大的。"而 70 年后的今天，究竟有多少人认识到建筑师任务的繁重和责任的重大呢？

梁思成在《致聂荣臻市长信（1949.9.19）》中，开门见山指出，北京"都市委员会最重要的任务是，有计划地分配全市区土地的使用，其次乃以有系统的道路网将市区各部分联系起来，其余一切工作，都是这两个大前提下的部分细节而已"。50 年过去了，首都北京这两个最重要的任务解决得如何呢？这说明收入此书中的书信不仅存在学术价值和历史价值，有些建议、思路、观念、手法还是有可供现实借鉴采纳的价值。

书信的影印件和那些扼要的注释，对于身后辈的读者十分珍贵。但我读到卢绳《致张良信（1962.9.20）》的影印件和注释时，不由得双眼重泪。因为卢先生（天津大学建筑系教授）是我最钦佩的恩师之一，又曾是中国营造学社中最年轻的才华横溢的研究人员。睹字思人，当年他在讲堂上教书育人的情景历历在目。而如今我才知晓，他之所以被划为右派，仅仅是因为当年"幽"了一"默"，谓党内有"禅宗"、"律宗"、"密宗"云云，后来重经改正，但终于英年早逝，何其哀哉。

佘畯南（1916–1998），这位建筑设计大师，广州白天鹅宾馆的设计人，他在《致陈述新信（1994.12）》中，从论建筑创作到论如何做人，将其高贵品质、高尚精神、高超技艺凝聚一信，期望下一代能有所传承。如，他写道"美国教育培养两种人才：一是建筑理论家，有博士学位；一是建筑师，培养创作能力，"便是极精彩的论述。在这两方面我国的建筑教育均有差距。又如，他嘱咐青年建筑师"要为人创作，不要斤斤计较于一张虚名的奖状而迷失创作方向"。他教育子女："3岁到5岁，是性格形成阶段，要灌输大公无私思想。""技术易进步，品德之提高则如逆水行舟，不进则退。""时光重于一切，它是生命的符号，应尽量用时光为人们谋幸福。"……佘总是这样写更是这样做的，因此这些警句特别能够令人信服？。

如果说此书读后有什么遗憾或者期望的话，该书收入的信函中1949年前仅有5封，数量确实太少了一些。我同意编者的话，以后为能得到更多人的支持，继续贡献出更多有学术价值或史料价值的信函，能有续集出版最好。这将弥补许多珍贵信函因"文革"等原因已经遗失所造成的缺憾。

（中国建筑学会教授级高级建筑师）

由巴米扬事件引发的几点杂感

殷力欣

近读罗世平教授《从此告别巴米扬》一文，非常感谢罗先生所做的这项极有意义的介绍工作，并由此引发一些感想，其中涉及一段引文，笔者的看法与罗先生有所不同，现一并面呈罗先生及广大读者，敬请指正。

一

有关巴米扬东大佛龛顶壁画《日神像》，大概囿于篇幅，罗先生在文中几笔代过而未便详述。笔者以为，这个壁画与大佛像同样在美术史上具有重要意义，今略作补充。

东大佛洞窟原内壁是布满了壁画的。以这些壁画为大背景，高大健硕的主雕像及环绕窟底部的8个子龛（分6个覆钵塔和2个僧房）构成一座格局完整的宗教圣殿，而壁画本身又可独立成篇，如东西侧壁的"礼佛图"及窟顶部的"日天"像等。这个壁画《日天》，又称《驾战车的太阳神》，以其所处位置与主雕像相照应，寓太阳神护卫佛陀之意，在佛教雕像的头背光处理手法上极其独特、新颖；作为独立的绘画艺术，又以绚烂的色彩、生机勃勃的写景状物、富于韵律感的构图，成为艺术史上与东、西大佛齐名的杰作。它以红黄蓝紫灰褐六色重彩渲染画面，太阳神的从容不迫、武士的撞针、飞马的奔腾、风神的飘逸，莫不栩栩如生。尤为有趣的是，从题材、画风上看，我们不难发现来自阿富汗以西之波斯、再以西之希腊的影响。

遥想当年，希腊王亚历山大东征，经波斯而在此驻足。之后，亚历山大西还，但一些随行者却从此成了此地的希腊遗民，并在贵霜时期迦腻色迦王统治下皈依佛门。据说，正是这些希腊后裔最早使佛陀形象见诸美术作品——在印度本土，早期佛教不主张为佛陀立具体、实在的形象。正是由于在此地接收了希腊美术样式的影响，佛教美术才得以以我们如今所知的形态再北传进入中国境内，融入汉文化之中。

理清这段历史的来龙去脉，我们更深切地感受到：多重文化相互宽容，进而交融一体，源源不断地使新的艺术形式应运而生，这本是伴随人类文明进化的最引人入胜的壮丽场景之一。

这里，还应提到近现代巴米扬考古工作。本文所采用的《巴米扬东大佛像头部及窟顶壁画》照片、壁画彩绘摹本，均为法国建筑与考古学家葛达尔偕夫人于 1923 年所作。现在，葛达尔夫妇所作的这些考古现场摄影及壁画临摹作品，也已经成为很珍贵的文物了。在这些旧照片中，有一帧巴米扬西大佛局部照尤其值得珍惜——我们从这可以了解到当地人当时对大佛的真实态度。在此照中，我们清晰地看到有几位身着伊斯兰服饰的当地人跪拜在西大佛脚下，膝下铺垫着的地毯也是阿拉伯样式的。据葛达尔文中介绍，这些人都是很虔诚的伊斯兰教徒，都坦言其并不理解也不打算理解佛教。也就是说，在近 80 年前，宗教信仰的不同，并不妨碍他们对教派之外的事物表示他们由衷的敬意。

这几位向东大佛致敬的信奉伊斯兰教的当地人，具有启示性地诠释着不同宗教信仰的人民对人类共同文化遗产的尊重。

二

有关玄奘《大唐西域记》中对巴米扬东大佛的记载，原文如下：

"……伽蓝东有鍮石释迦佛立像，高百余尺，分身别铸，总合成立……"

罗世平先生文中对此作如下今译：

"寺东另有一尊鍮石镶嵌的释迦牟尼立像，也高达一百多尺，佛像是分段雕刻而成，但丝毫看不出接痕。"

就是说，按照罗世平先生的理解，"鍮石"是珠玉类的饰物，玄奘认为这尊大像是镶嵌了"鍮石"的石刻像。

这里，还存在着另一种笔者以为是更合理的解释。"鍮石"系梵文 tuttha，即黄铜；"分身别铸"则明确指"铸造"，而不是雕刻（在雕塑界，刻、塑、翻模浇铸等，各自有明确的含义，绝不可混用）。故玄奘的原文应今译为：

"寺东有铜铸释迦立像，高一百余尺，[是]分段浇铸，[之后]合成一个整体的。"

这就意味着：由于当年东大佛立像外表是通体包了一层铜箔的，致使玄奘误以为是铸铜而成的巨像（而且是分段浇铸的）。

按照这样的解释，不免引出一个疑问：东大佛高达 37 米，一次性浇铸绝不可能；如分段铸造，再行焊接，其工程之浩大，也远远超过了以自然山体雕凿同等体量的石刻像。那么，博学如玄奘之流，为什么竟会作出如此有悖常识的错误判断？

但凡错误的判断多半出于原本的无知或沿袭固有经验所致。玄奘的错误判断，应属后者，即经验性错误判断。

在古代中国，很长一段时间内制铜工艺居世界前列而冶铁技术相对滞后，我们的先人即能制作大型铜器物。但受工具的限制大型石刻却仅有西汉霍去病墓石刻群等不多的几个特例。史书所记载南北朝之前的超过 10 米高的雕塑作品，即多为铜铸像。这反映出：对于古代中国人而言，他们与掌握了铁器凿刻石料技术的后人不同，铸铜反而比刻石更容易些。现援引以下三例。

（1）据《洛阳伽蓝记》记载，北魏太和年间（公元 5 世纪末）洛阳天宫寺铸释迦金像，计用铜十万斤、金六百斤，像高四十三尺。将北魏尺折合公制，像高在 11~12.7 米之间。

（2）《三辅旧事》记汉武帝筑二十丈高的柏梁台，上立铜仙承露像，高三十丈、大七围，距长安二百里即可遥见。将汉尺折合公制，铜像高达 69.9 米，加台高共 115 米。

（3）《三辅旧事》记秦始皇"聚天下兵器，铸铜人十二，各重二十四万斤"。这十二铜人在两汉时仍立于长安长乐宫前以壮汉家声威。此书未明确记录这十二铜人的高度，但按前引北魏天宫寺之例证估算，每尊像高似应超过 20 米。

上述三例中，秦十二铜人中有十个被汉末董卓销毁铸小铜钱，另两个被前秦苻坚所毁；汉柏梁台铜仙承露像毁于曹魏（后唐代诗人李贺曾为之作挽歌，中有"衰兰送客咸阳道，天若有情天亦老"这样的千古绝唱）；北魏天宫寺铸像亦在初唐已无存。

近现代大多数做美术史研究的人，都不免对这类记载心存疑问：因其体量超大，后人难以企及，怀疑前人的记录有夸张不实之嫌是很自然的，更何况除文字记载外，没有留下什么实物证据。但是，对于玄奘而言，其生活的年代距上述记载比我们接近得多，更了解那时的技术水平，以及那时人的所思所想。特别是北魏天宫寺像，始作于 5 世纪末，其被销毁的时候更接近初唐；玄奘本人是河南人，家距洛阳不远，他的父祖辈中有人曾亲睹此像也未可知。因此，再加上玄奘作为佛教中的博学者这一元素，他对铸铜技术、特别是铜铸像的技术与历史，应当比后人更熟悉、更有发言权。换句话说，上述记载证明：铜铸巨像传统已构成了唐以前的中国人对雕塑艺术的基本常识。

（玄奘取经 300 年之后，北宋开宝四年（公元 971 年），河北正定县隆兴寺大悲阁铜铸观音立像，分 7 段铸成，高 22 米。这也说明"分身别铸，总合成立"的铜铸大像方法，至唐以后犹有传承。）

抱这样的常识性经验，以铜仙承露像和天宫寺释迦金像去类比在巴米扬之所见，玄奘将 37 米高的包铜像错误判断为铸铜像，也就不足为怪了。这是一个很美妙的错误，反过来为古代中国铜铸巨像的存在，提供了一个非常有力的旁证。

三

在艺术史上，缘于雕塑艺术的特性，大体量雕塑即使存在某些细节处理失当，也能给人以超凡的震撼。因为大体量雕塑与建筑一样，是艺术与工程的结晶，代表着所处时代的审美趣味，也代表着那个时代那个地区的工程技术水平。

于是，西方人认为他们的历史是用石头写成的。

于是，我们说中国的古代历史是由铜所铸就的。

古希腊人菲狄亚斯制作的 14 米高的宙斯像，不久就被列入"世界七大奇迹"。再过不久，这个奇迹连同东方的十二金人、铜仙承露像一道，过早地消失在战争和宗教偏见之中了。如今，已经进入 21 世纪了，巴米扬大佛竟还是未能幸免。

如果附带谈那些遭到同样厄运的建筑，仅就中国而言，我们可信手拈出一长串名目：殷商鹿台、东周齐临淄城、秦阿房宫、汉长安、唐长安，以及至近现代才毁掉的圆明园、北京城墙、宝坻县三大士殿……

当然，我们在痛惜这最新近的巴米扬劫难之际，总算于万般无奈中看到了一点值得欣慰的迹象：八国联军火烧圆明园的时候，中国境外只有维克多·雨果提出抗议；我们自己拆除北京城墙的时候，国内外舆论是漠然视之的……而如今，炮击巴米扬大佛事件引起了全世界的震惊和愤怒，我们看到了斯里兰卡等佛教国家成千上万人忧心如焚的祈祷场面，也看到了国际组织千方百计的外交斡旋，许多非佛教国家也纷纷派遣使者前往阿富汗作最后的营救努力。经历了文化遗产难以数计的劫难之后，人类文明毕竟向更高一级迈进了一步——保护文化遗产、珍惜人类共有的精神财富，已然成为 21 世纪不同种族、不同宗教信仰的全人类的共识。

兹列举我国幸存的两宋之前 10 米以上雕塑造像如下：

北魏云冈石窟 16—20 号窟主像，高度在 13~16.8 米之间，雕凿时间为公元 5 世纪；

云冈 5 号窟本尊坐像，高 17 米，雕凿时间为公元 5 世纪末；

浙江新昌宝相寺南梁弥勒造像，高 13.23 米，雕凿时间为公元 6 世纪；

四川乐山唐代大佛（坐像），高 71 米；

四川荣县唐大佛崖坐像，高 36 米；

洛阳龙门石窟唐奉先寺卢舍那大佛像，自莲座计，高 17.14 米；

天津蓟县辽代独乐寺观音阁观音立像，高 16 米。

河北正定县北宋隆兴寺大悲阁铜铸观音立像，高 22 米。

让我们加倍爱护这些千年巨制吧！它们也同样是全人类共有的文化遗产。

2001 年 4 月 11 日
于北京沙滩北街乙二号

附记：2001 年年初，阿富汗塔利班政权决定炸毁巴米扬石窟的东、西大佛。此消息传到国内，自然引起各界的忧虑，特别是对于我国的宗教界和美术界来说，失去巴米扬与失去了云冈、龙门一样令人痛心。为此，各界或设法营救，或撰文向公众介绍它的文化价值和历史地位。在众多述评文章中，《艺术世界》所载罗世平先生《从此告别巴米扬》一文是非常有影响的，这缘于罗先生渊博的学识和真诚的情感，也缘于罗先生时任中央美术学院美术系主任，是亚洲美术史方面的权威。不过，我在他的文章中发现了一处很大的疑问。笔者虽在此前已撰写《泣血的巴米扬大佛》《阿富汗古代佛教艺术遗存》两篇文章，还是决定写第三篇文章以陈述我的一点不同看法，以及由此引发的一些随感。我的文章于 2001 年 4 月 11 日完稿，第二天寄往上海《艺术世界》编辑部。约五个月之后，收到编辑尤永先生的这样一封退稿信：

殷老师：

您好！

诚恳地向您道歉！拖了您这么久！

您的这篇文章不仅有很强的学术性，而且发前人所未发，既深刻又新颖，读了以后获益良多。我一直希望您的文章能在《艺术世界》发表，可以让更多的人分享和获益，但是，和主编商量以后，他认为这篇文章可能在更加专业一点、学术性更强一点的刊物上发表更加合适。请您原谅！

我另给您寄了一些杂志，请指教。

此致

敬礼

在我所见到的退稿信中，很少见到对所退文章有这么高的评价和这么诚恳的态度。之后，我又将此文前后转投《美术观察》、《美术研究》、《美术》等学刊。但是，《美术观察》已于那年八月份刊载了我的《阿富汗古代佛教艺术遗存》，不大情愿为一个问题再次占用他们有限的版面，这样，时间已拖至 2001 年年底了。我再转投下一家，他们说"当然可以与权威商榷，但要更加慎重些，故须仔细审稿"，两个月后，我没有得到任何回信；我转投第三家杂志的时候，已是 2002 年初，距巴米扬大佛被毁近一周年了，得到的答复当然更是"事过境迁，不宜再占版面"了。

曾与朋友谈及这些屡投屡退的稿子，有些人认为是罗世平先生中央美术学院美术系主任的社会身份影响了正常发稿。我不以为然：我觉得罗先生是很欢迎学术上的争鸣的。我在向《艺术世界》投稿之前，曾与他通过电话。他对我这个素不相识的后学是很客气的，也承认他的资料来源只是某个百科全书，并未查阅更多的资料。

我猜想，我的这篇文章没有发表，罗先生也会引以为憾：大学者偶尔出现一二处常识性错误也是很正常的；重要的是应该有人及时予以纠正，这样才不会贻害后辈。为此，我至今仍想找机会与罗先生作平等的讨论。

2005 年 2 月 20 日

识于北京丝竹园

（《中国建筑文化遗产》副总编辑）

"建筑设计创新管理与能力提升" 文化茶座

编者按：中国建筑设计行业的成长之路，就是工程设计进步和科技创新的成功之路，发挥工程设计的主导和灵魂作用，是当下设计企业摆脱危机影响的战略选择。规划设计对充满活力的创新型城市（区）意义重大，是未来城市发展的全新理念。设计企业是建筑创作的主体，更是设计变革的基本驱动力，做领先者还是跟随者、在设计创新中使中国文化重焕生机、如何融合中西方建筑文化之精髓、如何在文化城市构建中深化科技元素等众多热点问题备受业界瞩目。10 月 15 日在宝佳大讲堂举行"建筑设计创新管理与能力提升"文化茶座。以下摘录与会专家的发言。以发言先后为序。

金磊（主持人）：今天的"建筑师茶座"很有意义，是因为我们经过了近十年的探索，由我们过去的《建筑创作》杂志社的随刊奉送的"建筑师茶座"（2003 年 3 月创办）已发展到今天的《建筑评论》。这本看起来很平实的刊物随刚问世，但已有同行说它宛如建筑师的《读书》杂志一般，这样的评价恰恰是我们的目的。此外，明天，中国建筑学会 2012 年年会将要招开，借此良机我们聚来如此多的同行朋友非常高兴。真的希望大家在《建筑评论》的平台上再饮新茶，再续旧情，越轻松就越生动，越生动就越产生思想的睿智。

（《中国建筑文化遗产》总编辑）

高志：从 1982 年毕业一直到现在，已经工作 30 年零 7 个月了，越干越觉得建筑这个行业博大精深，在当今的经济形势下显得尤其难解。在当今经济形势下，建筑师如何生存下去，如何继续发展并取得成绩，是每一位从业者都非常关注的事情。今天在座的都是很优秀的建筑师，谈论的起点都很高，我觉得有三件事必须得做。首先，建筑师一定要有说真话的朋友、要有自己的圈子，相互间能够交流。其次，一定要动手做，动手做很累，但是建筑师若要离开笔，就什么也不是。咱们的一切都是从笔来的。而且现在做的和 30 年前做的还不一样，30 年前做的方案考虑的是空间和力学等等，现在做感觉已经变了，现在做的更重于开发上是一个什么结果。我表示，《中国建筑文化遗产》愿意成为建筑师朋友们的平台，我们愿意为加强中国建筑传媒的力量作出贡献。

（加拿大宝佳国际建筑师有限公司北京代表处驻中国首席代表、北京大学城市规划与发展研究所所长）

庄惟敏：中国设计院的体制承接的是苏联模式，汪光焘当部长的时候说过，建筑这个行业可能会向两极发展，一类就是现在的中建，要不就是像 CCDI，一万人的上市企业；还有一类是小的事务所。现在看来，设计院的这种模式有些尴尬，既不是小的事务所，又不是做项目承包的大托拉斯。个别的大设计院也有达到两千人的，但多数是中型的几百人的。现在设计院的体制应该何去何从？如何改变其上下够不着的状况？现在很多企业尝试在下面做很多的工作室，派生出很多的分支，这些分支申请独立的资质、营业执照等等，这是体制层面带来的问题。

另一个问题是创作，在以往的研讨会上我也说过，因为在清华，有时候我就挺有感受，学生一年一年毕业，离开学校走到工作岗位，回过头来他们也会反思、琢磨。有的学生就问："学这么多年的建筑，到底什么叫创作？"老师说的创作是什么？一个题目十个人做，必须做得十个人不一样，那才叫创作；十个一样就是有问题。如果建筑有一个统一的一般性的规律的话，比如《公用建筑规范》《公共建筑通则》，建筑创作是否有标准答案？肯定在座诸位都反对，肯定没标准答案。所以这件事就变得很奇怪，都说建筑不靠谱，越创作越不靠谱，越创作越希望拿一个理性的东西来解释。文脉、功能、流线等似乎都成了为解释创作而创造出的词汇，使建筑越来越难以评判。什么能变？创作的层面能变，所以在创作这个层面建筑师现在都很乱。我们不能为了创新而创新，为了求变而变。我们在跟老外对话关于建筑师的试验场问题时，向老外提出一个新问题、新观点，他一根筋，死活不改。从建筑创作讲，有无规律可循也是值得研究的。

我想企业里是否可以分两拨人，一拨人专门去赚钱，另一拨人专门去搞创作，半年以后交叉换位，我不知道行不行。但我发现，有一帮人真的愿意踏踏实实地去作施工图，这批人很厉害。我们上次在改造美术馆的时候，翻 50 年代末 60 年代初戴念慈先生的手绘图，我看到了曹先生的签字，什么名字我记不清楚，图全是他画的；据说这位老先生已经去世了。我听崔愷说，这位老先生就是把戴先生的创意翻成施工图、盖出来作为自己最高的快乐，这种人是有的。后来我琢磨在彭先生身后，在何先生身后，在张大师身后，这些人都不少，他们很快乐地把建筑能否落地建成当做自己毕生的追求。这就提出了两个问题：建筑师到底是什么定位，什么是建筑师，什么不是建筑师，建筑师的要害是什么。最近建筑学院还在推广一件事，小建筑也要得奖。我非常赞成，小建筑不能因为它小就不能得奖，但一定得清楚小建筑本身里面蕴涵的东西不像大建筑，像大医院、大机场这么复杂，它要解决城市、交通和各种关系；但小建筑要关注什么，企业领导到底把建筑师培养成什么，是不是可能归类，这都是我脑子里一直思考的。

（全国工程勘察设计大师、清华大学建筑设计研究院院长）

薛明：我从业已有 20 多年了，跟外国合作多了就慢慢发现我们缺少原创，体会到中外体制差别对创作的束缚很大。我们现在的企业算是两拨人，我这拨算是搞创作，但你让人支持你搞创作不太可能，我还得自力更生，自力更生就是跟院里要点政策和优惠，在争取中不停地博弈。在国有企业，产值为心，创作在后。

我们遇到很多甲方，他们首先要求的是地标性，对原创精神不一定接受，很多甲方只讲究形象，而且不讲究它的和谐和其他原则，只要求标志性。很多致力于原创的设计师最终不得不屈从于产值的压力。

搞原创需要在工作中有基本的理论框架作指导，不随意改动。工作室制是围绕着数个权威性人物，有利于原创，但如果领导几年一换，班子就不稳固，所以原创必须在体制上下工夫。除了工作室，民营企业也需要一个发展空间。刚才庄院长也提到，外国人为了达到设计的目标会想尽办法，锲而不舍。中国建筑师坚持到一定层面可能领导就会说：算了，别坚持了，再坚持活就没了。这样一来，原创就大打折扣。

我们现在跟国外的差距体现在工程设计上，工程设计需要积累，国外很多大型的设计机构在这方面形成了特色积累，积累一套理念和技术。我们需要在体制上突破。中国处于特殊的大环境下，是否可以多种方式追求探索，最好给民营设计机构更好的发展空间。民营设计机构如果没有甲级资格就只能和别的院合作，这是中国的一种状态。

中国建筑学会在世界上也是特殊的体制，这个体制包罗万象，有很多专业。

从学术角度来说一些学术活动起了很大的作用，但如果要提高设计水平、保护和帮助建筑师就必须有一个行会性的组织，仅仅学术机构是不够的。现在报设计费没有市场机制来管理，谁压低了价格谁就把活拿走，但设计水平很差；如果用行业机制管理，就会避免这种事情发生。国外和香港、台湾地区都是按照国际惯例做的，这对建筑师队伍的健康发展至关重要。这种话题以前多次会议不只我一人提过，肯定也有很多人提过。这些情况可能不是短期内能改变的，但我觉得凡是有机会我就想谈这件事，什么时候能把这事谈成，什么时候就算这件事情的结束。

（中国建筑科学研究院总建筑师）

傅绍辉： 我结合我们单位的情况说点我的感受。我现在有两方面的困惑，首先，创作和生产管理往往是前后的关系，主创设计师在创作中需要一定的周期和时间，生产压力很大。但有些人经验足，照猫画虎般很快也能实现，这样就会在后期院长和领导们安排他做其他项目的时候，这个项目再由手快的人继续做。这也就形成了设计管理中两极分化的情况，一批人创作能力很强但不太懂技术，另外一批人施工图经验很强但不懂创作，慢慢队伍分化出来了，产生出了矛盾。

例如报奖，主创建筑师和施工图主负责人到底谁应该排第一？主创建筑师的创意如何在施工方那里贯彻下去？这事情很不容易解决。这种情况在工作室不太会发生，但在我们这种体制的院里经常会有。我一直鼓励我们单位的建筑师作为主创建筑师要保持自己的思路和想法，特别是你的思路和想法在方案阶段体现不全面时如何把它贯穿下去，这种生产的节奏会带来很大的矛盾，压力也就会出现，越遇到重要的项目这种现象就越明显。这种困惑在座的各位有没有很好的办法？我今天想取取经。

建筑师在工程总承包的体制下往往显得能力欠缺，我们单位现在在做工程承包，产值几十个亿，很多项目走 EPC 的模式，在这个过程中如何只做设计，建筑师应对它应该没问题；但当我们拿到一个工程总承包的项目，你得把这笔款花得恰到好处，不能花超。花超是人工问题还是材料问题？花少了也不行，你当初为什么要报这么多钱呢？我就遇到这样的问题，我们做创作和工程，建筑师最后落不了地，不知道该怎么做，例如最简单的选电梯，如果建筑师只做设计，我们可能给出电梯的配置、数量和梯速等，我就遇到这个问题，自动扶梯没选清楚，超了 9 米高；招标的时候人家最后说要加支撑，我们当初是没加支撑的，人家说那是你招标文件失误，也是建筑师的责任。你没看清楚，你为何不说是无支撑的？价格差很多，你推卸不了这些责任。

当建筑创作联系到工程就会有很多问题，做工程总承包时建筑教育的缺失就很明显，中国的建筑教育缺乏基本功，我们一定要真正实现建筑师对材料、工程等的把握，而现在很多建筑师的经验积累少得可怜。

（中国航空规划设计研究院总建筑师）

罗健敏：在报奖时，傅总你们应该毫无疑问报的是方案主创建筑师，这是不含糊的。1989 年，在我开始住在法国后，最想先看的是朗香教堂。朗香教堂在一段山坡小路的尽端，只有去朝拜时才能见到。一张朗香教堂落成典礼时现场鸟瞰的照片震动了我，2 000 多人祝贺柯布西耶，没有开发商、施工方，只有柯布西耶，人们知道这是他设计的就足够了。这件事在中国绝对不可能，中国一个项目落成时的署名只有开发商和建设商，就是没有建筑设计！这反映了设计地位的低下，所以今天的会议题目是一个无解的题目。

今天会议的题目其一是"建筑师的职业和社会职责"，建筑师是一个非常神圣的职业，一个沉重到无法实现的职责。有时候我对自己说，如果还有下辈子，我还上原来的母校（清华大学），我还选学建筑，这个职业真的非常好，既搞技术又搞艺术，而且为社会造福。但是现在这个职业应当担负的责任让我们没法办，在现在这个完全商业化的市场，让建筑师撒开来做自己的创作不可能。想当初我在北京市建筑设计研究院，已经形成了两套班子，院长、总建筑师熊明和吴观张他们抓了一小拨人出方案，还有一大拨人是画施工图，这拨人决不为方案不是我创作的而苦恼，他们高高兴兴地画图并具有十足的经验。我看到有些女建筑师画施工图，小尺寸一般不用尺，两条线一拉下面的缝你拿尺量吧，准保是，很专业；但这些建筑师去搞创作真拿不出方案，所以这个情况下，一个老院就形成了由这样两拨具有职业良心的人组成。

那个年代的建筑师真能出好东西，但现在年轻学生没学会做设计先学会了赚钱，没学会说真话先学会了骗人。在这样一个大背景下，如何让建筑师队伍纯洁高尚？如何履行职业职责？我的总结是回复傅总刚才的问题，在这件事上如果做主的人在报奖问题上含糊，那建筑师出头就更没有希望。贝多芬作的曲子可能演奏一千遍，演奏的团队就说这曲子是他们的，有那么说胡话的人么？没有。是谁做的就是谁做的。一个建筑方案，拿到方案不就是一页纸么，是一个什么建筑，盖什么房子，从无到有，都是创作的过程。建筑师就怕做得跟别人一样，但现在很多青年建筑师不怕做得跟别人一样，就怕赚不到钱，这是坏事。在这种社会状况下建筑师怎么办？我常跟年轻的朋友们说，你们自己创一个设计单位，设计实体有三种任务状况：名气大的项目、没做过的项目和赚钱的项目，要通过后者去反哺前两者才能不断发展壮大，不能只一门心思赚钱。

（加拿大宝佳集团顾问总建筑师）

王辉： 首先感谢金主编的邀请。今天这个题目很有趣，每当我参与到这种座谈来，跟在座各位比起来，从身份来讲我属于少数派。少数派经常就要冲锋向前，好比航空母舰不能一开始就上，可能就要海岸警卫队、渔政之类先上。我就属于这一类的。

罗先生刚才说了一句话我觉得特别好，您说"就怕跟别人一样"。我现在真觉得国内的创作环境挺好，创作水平也不错，但是唯一的问题就是确实没有人讲这句话"就怕跟别人一样"，我觉得这是中国原创的最大的问题。现在走在大街上看，不管叫改革开放的成果也好，还是入世的成果也好，不论怎么说今天的设计水平要比当年在设计院时设计水平提高好多倍；但是从教育层面上看，中国人对原创的道德教育特别差，现在应该有独立的人格教育。

我举个例子，前些时候我们做天大新校区项目，在这个项目的工作期间有一个问题，大家或明或暗地都在想怎么能让市长通过。事还没做呢，人格先丢失了。我觉得这是现在中国建筑界的主要问题。这个事要反过来想，市长为什么要参与到这件事上来？因为大家做这些东西都是为了迎合市长的思路，不是按照自己的想法去做的。如果是按自己的思路去做，他可能在你的想法思路面前去屈从，他可能觉得你这是一个体系，他要去慢慢研究钻研。现在的问题是大家拿出的东西都是为了迎合他，肯定迎合得不能跟他的想法完全一样，回过头来指东打西的，又做得不对，最后就进入一个特别纠结的状态，我觉得这是目前最大的一个问题。

我再举个例子，我一会要去万科开会，现在在做一个小项目。这个小项目是十个建筑师一起做的，一半是中国建筑师，一半是荷兰建筑师。我们是帮万科做一个小户型公寓，在回龙观，属性是公建用地。由于种种原因，最后这个项目变成了住宅。按中国人的观点，公寓改住宅更好改，管线简单，墙一拆就能当住宅来卖。但是荷兰方面就不干了，他们的观点是你开始让我做公寓怎么又变成住宅了？他们觉得这个事的性质变了，做这个事的前提都变了，我为什么要做这个事？

我拿这两件事来对比，我觉得创新的前提是你得有立场，你连立场都没有拿什么创新？你连想法都没有，就"手"创新，"脑子"不创新是不可能的。假如你没有独立的人格，你也不纠结；就怕你想有独立的人格又做不到有独立的人格，那才最纠结，最没有幸福感。独立人格是成就所有事情的基础，人格不独立，没有任何一件事可以做成。客户找你来是想要你自己知道的东西，他要知道的话就不需要花高价来找你。自我人格不独立，客户想来买你的独立有创意的东西，肯定从你这买不到，最后这就是一种纠结。

在现在激烈的市场竞争下，存在的唯一理由就是个性，这不但包括设计个性也包括人格魅力。至少从生存的理念和技巧来说，人格独立是非常重要的，而国内的教育恰恰就缺少这点。

我再多说几句，我最近碰到一些外国的老建筑师。他们早已淡出大家的视线，我觉得以他们的聪明才智，随着时代的变化，与时俱进，左右逢源，不会就这样淡出主流。但是人家就没想去迎合，他们永远觉得他们的想法是正确的。他们之所以成大师，就是因为他们有着独立的人格和个性。不论是好是坏，你欣赏不欣赏，他们是不会随着外界来改变的，这是值得我们学习的。

（都市实践建筑设计事务所合伙人）

曹晓昕：其实所有的建筑师都有一个幸福点在支撑着他往前走，但是他同时又特别地困惑，痛苦，这肯定都有。

前些日子我有机会去了一趟挪威，实在是感触良多。我就想，建筑师都是在做建筑，但是各地的建筑师所做的事情，还是有点不大一样。因为挪威是一个特别发达的国家，某种意义上是最接近我们所想象的人类社会的一个高级阶段。当然中国还属于这个体系的初级阶段。他们的建筑师做的东西，并没有我们经常在一些杂志上看到的那样，都带有很强大的理论、信念，也不会给你一个在这些理论支持下的特别让你惊讶的图像。甚至于你会对那个图像提不起兴趣。然后当你看到他们整个的建筑师体系和人，他们大的工作时间，就会发现都是在围绕一个建造和施工管理上，这才是他们更关注的。这就是刚才傅总说的那个与施工管理有关的事情。我觉得这个是将来职业建筑师的一个发展方向，是中国以后更加发达的时期，或者说我们的下一代人能够实现的一种体系。

其实这件事对我的触动还是挺大的。所以我回来以后，就在院里做了一个小型的汇报。我们老是强调创新，"创"这个字本身就是一个跳出来的东西，"新"也是目前很多国外建筑师有意回避的课题。在潜意识里，我们总是特别地想反映出这个图像的刺激和感应。我们老说创造性的思维，但很少有人把"创"和"造"分开来理解，究竟这两个字谁更应该放在前头，随着时代的不同还是值得探讨的。

现在设计的手段逐渐趋于成熟，那些大亮点图像，大亮点工作，空间的梳理以及方案的确定，其实和最后怎么把房子支撑起来没有直接的联系。如何把一个房子造出来，包括设备，包括很多经济上的问题，都应该在建筑师的工作中占到更大的比例。对于一个建筑设计，从方案上的一些事，到之后扩充施工图，是一个连续创作的过程。作为建筑师，要面对所有的问题去选择。所以在工作室里我也一直在强调，如果你不会做方案，那将很难做好施工图，因为做方案实际上是一个取舍的步骤，包括很多因素搅在一起。反过来说也一样，如果你对施工的知识，对施工的管理，对于所有这些东西都不太清楚的话，你也不可能拿出一个很好的方案选择，因为我们的方案最终是要按照一步步的标准来搭建的。社会标准在不断前进，我们对建筑出品的要求，与 10 年或者 20 年前相比较，肯定是完全不同的。而这其中"创"和"造"的比例，肯定也是在不断地转换。

从建筑行业的现状来看，尤其是中国学校的教育，肯定是更多地偏向于"创"的方面。但是像清华、东南等很多大学，也开始逐渐加强这个"造"的力度。大多数的学校，建筑系 5 年的学习基本上是一个图像训练，都是对于图像的感觉认知以及对水彩的渲染等等。我们进行了这么多年的偏重图像的教育，但是社会现状对我们的要求也渐渐不同了，应该发生一些改变。学生将来都会慢慢过渡到建筑师，对于整个项目进行整体控制，包括经济。

从很多方面说的话，现在的建筑师真的特别幸福，但是他也有不幸福的地方。上次我们去台湾考察，发现最近这几年，台湾发展出一套挺完善的制度。比如，他们的设计费都是打给第三方，一个设计师公会，然后通过公会再转给建筑师，所以没有什么金钱上的差价。但是这也有一些问题，比如我的朋友在做台湾省的美术馆，他就十分忧虑，因为他的造价超了，环境的东西在最后没有资金来支持，没法继续做完，所以新的体系也面临新的困难。再打个比方，比如庄惟敏院长现在要再带一个设计院的话，社会体系评价他应该是高产。但高产的结果是要把人员管理并分类，因为不分类的话人太多没法管。但分类是我们尽量回避的，因为一分类的话，就得给人贴标签，方案的、施工图的、前期的、后期的，然后才方便大规模地组织生产。所以这确实是一个管理上的问题。

（中国建筑设计研究院副总建筑师）

戴俭：我听了各位专家的发言也想了一些东西，很多是跟教育有关的。我们以前的建筑教育，总是靠悟性、拍脑袋这种东西，这一点肯定要改变。有的学生问我，建筑设计课怎么没有教材呢？这个话有不对的地方，但是也说明一个问题，别的学科有教材，我们没有。那建筑还是不是一个学科？现在的好多问题，至少它有技术的一部分。所以我想，对我们建筑教育改革非常必要，也非常迫切。

当前的建筑教育，能不能改变一些不可知的东西，尽可能地转化为可知的信息？比如关于价值观的培养，方法论的培养，还有动手能力、实践能力的培养等等。我们现在在探索什么？环境教育，就把建筑深化学习的东西和一个体系的东西放进去，形式最终是没有错的，因为它最后呈现在空间里没有错。我还有一个感受，就是要强化责任的追求。我们每年的建筑量很大，但是我们建筑界，对整个人类进步的贡献到底有多大？你看我们大多的体系都是西方人的，很多大师也都是西方的。即便我们有自己的理论体系，但是我们再往上走的东西又有多少？

谈到管理，要说到柳传志到我们那儿讲座报告。他在讲座中说了一个很重要的点，就是企业文化建设。我们曾经觉得文化是虚的，不会产生价值；结果最后发现，世界知名的企业全在做这个事情。技术的问题早已趋于成熟，文化成为管理的最大助益。

再说一个我自己的感触。我们学校的教学楼，晚上一下雨，我们那个楼就变得很"漂亮"，水直接灌到大厅里跟瀑布一样。而且墙上也没有设计灯，只有路口有一个，于是每天晚上，每个人下来都是摸黑。于是我就想，现在对这种建筑的惩罚机制欠缺，那能不能建一个网站，哪里有设计极度不合理的，就连施工单位和照片一起贴上去，也无须评论。否则的话，即使没有实质的惩罚，建筑业也慢慢会受到腐蚀，然后对整个社会也会有一些影响，这就是我的一些感触吧。

（北京工业大学建筑与城市规划学院院长、文化遗产保护研究中心执行主席）

鲁萌：我很赞同刚才王辉王先生说的那种独立的人格，也有些感触。我从国外回来接近十年，一直和肖连旺先生一起合作。我们当时磨合得很好，无论什么地方都可以互相沟通。无论方案最后怎么样，这样一个过程十分可贵。不过由于现在政府的介入越来越多了，建筑师也许都有一个感触，就是建筑师的独立性，或者说独立思考的空间，可能会被政府、开发商、承包商等各方面挤压，甚至会被绑架。

但是我又想到这么一个问题，建筑师确实需要独立人格，但也不仅仅需要独立人格。建筑师应该把自己的专业能力跟社会效益最大化结合起来。建筑师设计作品的同时，就好像在设计人生，人生不能完全孤立于社会之外，建筑也不能单纯地追求设计本身。雕塑也好，音乐也好，文学也好，包括我们的建筑行业，都是创作者对生活的一个认知，是对生活的理解和表达，是一种长期的沉淀和积累。所以这些创作本身，也就应该具有宽广的包容性，作为建筑师，更应该具有包容性。举例来说，贝聿铭大师设计的卢浮宫虽然精彩绝伦，但正是因为透明的质地带来的对环境包容的态度，历史的沉淀没有被打破，才成全了贝先生金字塔的美。

我还在考虑另一个问题，就是一个成功作品的诞生，究竟是源自个人的创作还是团队的努力呢？我认为，设计师因他独特的创意而撑起一个旗帜。但若要真正落到实处，他还需要有一个完全配合默契的团队来完成整个项目。一个人的创意需要团结的队伍来最终实现，这份成就也应该归属于团队成功。

（加拿大宝佳集团副总建筑师兼市场运营部总经理）

郭卫兵：刚才大家提起"你幸福吗"这个问题，我觉得在我而言是可以肯定的。因为我来自幸福之城——石家庄。较小的工作压力和质朴的心态，欲望的淡薄，我觉得是造成幸福感很重要的因素。

讨论幸福与否，其实也是在讨论建筑师这个职业的一些困惑，建筑师会因何而幸福呢？其实我认为我们每个建筑师，包括其他很多行业，都在追求一种巅峰的体验，这种目标看上去很虚无，很神秘，但是当我们达到巅峰体验的层次的时候，这种体验就会油然而生，到那时我们会觉得它其实也并不神秘，它就来自于对建筑的敬畏，对社会的关怀，对人生的追求。其实就这么简单。

但是我们所追求的这种巅峰体验，对于建筑师，尤其是中国的建筑师来说，来得又那么晚。我相信到了40岁以后，建筑师慢慢能够在追求的同时，体会到一些巅峰的体验。现在中国的年轻建筑师，怎么样更早去追求巅峰体验呢？我们作为建筑行业的过来人，成熟的建筑师，为什么不能去指引他们，告诉他们未来的工作应该如何去做呢？我觉得很多教授们，应该在讲学的时候把这种东西更好地融入到教学当中去，让学生逐渐去了解。即使很多经验方面的知识学生因为没有感触，没有具体的经历，可能根本无法理解，也不要觉得是对牛弹琴而选择放弃。就好像中国古代学子读《菜根谭》，书中教授的面见君王当如何，接待下属当如何，很多类似的知识他当时没有机会去运用，但是在之后的一生中都将使他受益匪浅。所以当我们通过结合具体项目的方式去传授的时候，他们可以把这些东西记住，并在之后的实践中加以体会。

其次我认为，要做好的建筑，首先要树立一个良好的信仰。而这份信仰，应该是超脱出金钱与利益的束缚，追求理想与情操的满足的高尚信仰。从现在的社会来讲，开发商是从利益出发，而政府则更多地怀有政治趋向的目的，如果建筑师不能坚定强烈的个人信仰，很难作出优秀的作品。很多宗教的信徒会说，他们劳作，是为了上帝而努力；他们成功，是上帝对他们的奖励。在很多人看来这或许是作秀，不过对于很多信徒来说，这确实是真挚地由内心发出的。在手上动辄一个亿、十个亿的项目面前，建筑师应当能够带着这样谦卑的态度去审视自己，怀着感恩的心去鼓励自己，带着负罪感去鞭策自己，带着对这个行业的敬畏来支撑自己。我觉得这些对于一个职业建筑师的心理，都是有好处的。

我还要谈到一点：怎样运用个性。对于建筑师的话语权，我觉得不一定非要用个性去获得，还是有其他的途径可以去塑造。我个人觉得中国人中庸一点会更好。不过不同的人有不同的生活状态，作为建筑师，在追求巅峰体验的过程中，实际上是多渠道的。

（河北省建筑设计研究院副院长、总建筑师）

刘震宇：我的话题就从回应傅绍辉先生刚才提出的问题开始吧，刚才听他讲了一些院里的方式，包括他自己的一些困惑。对于工程总承包这个问题，我想表达下我的看法。

从我的个人经验来讲，对于设计师在职业过程中，或者在一个具体的项目当中，到底应该如何看待自己，包括对于能力的缺失，容易感到很纠结，尤其你做得越多，就觉得自己不会的越多，却又更希望自己能立刻学会这一切。这是一个什么状态呢？

我觉得如果将工程总承包的责任都放在建筑师个人身上，实在是一种过重的负担。即使抛开总承包不谈，也不谈工程施工，仅仅是设计的全方位，对于建筑师的一生来说，都是很不容易的一个课题。而且现实中的建筑师，往往事情做得越成功，做的事也就越多，涵盖面也就越广。这是一种很普遍的社会形式，一方面在激发你的潜能，另一方面，我觉得是有点捧杀的意思。人为什么有时候感觉到一种绝境感？就是因为被捧乱了，丧失了最开始成功的那点原动力。

从这个角度来说，我觉得一个项目的成功，一个建筑师的修养，重点在于对自身的定位。

对于这些问题，我有几个观点。首先，建筑师必须是个人的工作，你必须全身心地投入来负最大的责任。这就是一个必须要发挥你个人最大能力的工作，这就是一个个性化的工作。因此我觉得，建筑师需要对自己有一个要求，他必须是一个自律者。社会责任也好，工作属性也好，我觉得都必须建立在很强的自律心之上才有可能节制。这里的节制意味着，不是别人告诉你"这事你别做了，你应该去做一件更被关注的事情"，而是首先来自于自身，要有一种反省的意识，要有一种自律行为。否则你肯定会被各种诱惑，做一堆事，而且是越做越多，就怕你没能力，越做会越大。我觉得这对于建筑师本身的工作性质来讲，实际是有负面作用的。所以我觉得，建筑师这个职业，必须是一个自律性的行业，同时是一种高度个人化的工作。

我觉得其实在从事建筑设计工作时，我们还欠缺磨合团队的方式和模式。我相信任何从事深度设计工作的人，都会面临处理各种突发现象的情况，比如突然要选一种设备，该怎么选？甚至处理一些建筑材料的物理性能，该怎么做？这种困境的出现，就证明我们这个团队，其实还没有建立起来，对于众多方面的专业信息来源还远远不够。我觉得哪怕任何一个大师，也无法完美地解释出来这些问题，很多细节的问题太过专业，超出了建筑师的范畴，而且这些细节是没有止境的。该怎么样借助别人的知识，去把我遭遇的难题最及时地解读出来。面对一个你不熟悉的问题，参数给你定完了，你觉得怎么好，怎么不好。可能有商业方面的考虑，有安全性的考虑，甚至包括与你项目的结合度的问题，甚至包括采购营销，哪个更容易，哪个更好做，哪个企业在后续维护方面更好，等等，其实都应该借助别人的知识。

我们建筑师在团队中的作用是一个"魂"。如果不过分强调任何环节的技术，整个团队都平等强势的话，反而不容易取得成绩，因为这个"魂"的作用体现不出来。所以建筑师这个职业应该说很有意思。他可能不在某一点上，一定是出类拔萃、独一无二的专家。他可能就是在综合把握能力，在一种思考状态下，能够产生"魂"的作用。但是他这个团队里面如何磨合成这样？关键的时候会遇到哪些问题？需要什么样的专家团队来配合？其实这就是建筑设计创新管理，我觉得其实对于任何设计院的现状来说，这都十分困难，因为这其中需要足够的关系协调能力。

另外一个，我谈谈建筑师自身的修养以及建筑教育的问题。我一直觉得一个建筑设计团队当中的人，首先要给他一个无限制探索自己能力的机会。我们不能简单地告诉他们，你不具备这个天赋，你别牵这个头了，你就从事辅助性工作。大部分情况下，越是那些很有激情、希望从事这个行业的人，越不会在刚开始就轻易地认命。即使他确实没有那个天赋，也要让他走一点弯路，要让他尝试一次。

"做总创的人就是高人一等"这种论调不要过分强调。有的人能一辈子从事某一种热爱的工作，是取决于他的严格自律性。而那些不安于现状的人，听了这样的宣传，立刻就觉得自己低人一等，就不安心从事这个工作了。这就导致了核心团队，或者是黄金团队，很难和谐地建立，因为你只宣扬一个英雄，其他人都是陪衬。如果建立在这种体制和宣传模式下。建筑师这个行业，也是不可能成立的。

所以我觉得统帅的概念，不要过分强调建筑师的个人能力，这应该是一种思维的方式，只是处理事务方面的不同。作为建筑师来讲，如果你分成前期方案和后期执行，本身这个团队不可能长久。有的人思维较快，他就先拿点大思路，因为大思路是从无到有的过程。到了真正涉及的时候他如果不参与了，对这个建筑师本身绝对是不利的。

（加拿大宝佳集团执行总建筑师兼公共建筑设计室室主任）

朱颖：建筑设计创新管理这个问题，因为我本身是一个总经理，同时又是一位建筑师，可能对这个事的困惑比别人都多。因为相对而言，院长考虑的问题更加具有全面性，而对于总经理来讲，我必须得考虑更实际的问题。但是我想，首先我们的规模不是很大，其次我们的人员配备更自由，因为人才的组成可以通过价值观的判断来进行自主选择。所以这点还是有优势的。尽管公司的商业行为和创新的艺术设计行为存在很大的矛盾，但是我还是坚持创新为主这么一个道路。这里的创新并不是做一个怪的建筑，而是要作出一个有设计感的建筑。

为了保证我们创新的实现，我们在管理上就实行了以下四点，对外做两点，对内做两点。对外的第一点，我觉得我不能让公司贴创新这部分。即使你可以一次贴，但是你不能次次贴，一定得让创新的事创造它的价值。所以我们坚持，创新的款项得从甲方引出来，宁可冒着项目被别人拿走的风险后签合同，也要先让甲方已经看到我的成果，然后再谈价格。只有这样，才能让创新部门自力更生，创造自己的价值，实现良性循环。对外第二点，我觉得作为一个建筑师，其实是一个很尴尬的角色，因为四处都在挤压我们。但是这里头，对于一个建筑的高实现度来讲，最关键的其实是业主。这一点从前我在日本与贝聿铭大师交谈时他也认可。就是一定要让业主接受我，支持我，尊重我们的设计，尊重我们建筑师，然后让他相信我们，我们会把他的项目全力以赴地做好，这是最关键的。对内的话，第一点是，我们要挑选好的建筑师，这就要求他有过人的设计天赋。设计这个事情，仅凭后天培养是不够的，天赋很重要。邀请你挑选好的人才加盟到公司，然后给他绝对的权力和设计上的支持，这是一个基础的打造。

第二点，也是我十分坚持的，就是一个设计必须一个人干到底，不应该由一个人做完设计，再找别人去做施工图，设计应该是一个全过程的服务。如果建筑师作出了他的方案，即使他很年轻，也应该让他来当第一负责人，至于工程类和技术类的工作，可以让别人支持他。这是对每个年轻建筑师的一个历练过程，我们要尊重他的整个设计。

建筑师在我看是一个特别苦的行业。但是我想不管它是一个多苦的行业，我们都应该以一个特别乐观的心态，去做好这份职业。

（北京建院约翰·马丁建筑设计有限公司总经理）

赵元超：刚才高志先生已经很忧患地提出，在险恶环境下的建筑创作生存问题。这点我倒是有同感，建筑师的创作环境实在是不理想，中国的创作环境还有极大的提升空间。

谈到我们建筑师痛苦还是幸福，我觉得一定要找到自己的定位，我觉得我们是服务业，而不是救世主，所以建筑师也应该给自己找乐趣。建筑设计是一个旅途，既然是旅途，就是个探险的过程，每个项目都不一样，那么在每个过程中，都有自己的喜悦。我们还应该引起外界对这个职业的尊重，维护我们建筑师的尊严。

刚才谈到台湾建筑师的状况，我觉得从制度机制上他们要领先一步。我最近看中国建筑现代化的进程，中国建筑师学会成立的时候，就在章程中提到，建筑师应该担负起社会的责任，对得起甲方的银两，服务好自己的专业。这个解释比我们现在建筑师协会的要更加先进。但是在"文革"以后包括我们改革开放，包括这几年，我觉得这份解释已经被扭曲了。

建筑是不是科学，到底重在"创"还是"造"？我的体会是，可能对于每个建筑来说，这个概念都不尽相同，但我相对更同意建筑的本质是建造。为什么原来叫营造学社，实际上这个名字很好，因为实际上建筑的本质是在营造，而我们现在或许过分地关注创新、理念这些概念了。现在很少有人去关注建造这个过程如何实现，这就说明，可能我们把我们的建筑完全意识形态化了，也使我们这个专业太容易受到别人的干扰。

建筑师努力的方向还有很多，除改变我们的机制之外，更多的还是要提高我们的建筑素养。一个全面的能力包括我们同客户的对话能力，对时间的控制、对各个方面造价的控制、还有对材料的选择能力。可能我们建筑师都很缺乏。举个例子，前段时间我设计一块碑，设计本身简单，我将尺度什么都推敲好，但却在建造过程遇到了很多困难。因为建造是在山坡上，如何将石头运上去，如何组织协调，还有时间因素等。所以一个全面的素养，并不只是建筑师画图那点事，而是要有应付相关情况的各种办法。

（中建西北设计研究院执行总建筑师）

刘谓： 围绕着管理和建筑师的职业责任与社会的关系，我有三个想法。第一个，西部开发已经有 10 年了。尤其近 3 年来，全国有 19 个省市去支援新疆。这就出现了一个现象。在支援新疆过程中，每一个省、市都带着他们的资金和他们的建筑师去做。御用的建筑师和聘用的建筑师协同一块去做符合、代表 "他们的"意志和文化的建筑。于是对于现在的新疆我感到恐惧，我不能说我很高尚，但我确实很沮丧。这种迅速的变化，暂且不论其好坏，却使得我对新疆变得越来越陌生了。

我举一个例子，在喀什地区，总共 12 个县市，有 12 个工业园，有的县大概 10 万、5 万人，竟然有三四个工业园。之后我们开始盖学校，新疆的地理环境，不管经度纬度，毕竟和东三省是不同的；它是乌鲁木齐，是整个欧洲和亚洲离海最远的城市。对于那些新建起来的中小学，我实在想不通，我恍恍惚惚看到远处一栋孤零零的楼。混凝土一搭，大玻璃一刷就算了结。我觉得这种干法，和施工的那个篷架没有什么两样。要知道，新疆的风沙很大，干旱少雨，不用说一年四季，就说一天之内的温差都很明显。结果孩子们上学，中午热得流汗，下午冷得不行，阳光还特别刺眼。

我就很愤慨，我就想质问这些建筑师，你可以不要去创作，你也可以没有地域特色，更不要求你去做新的、当代的、具有前瞻性引领潮流的建筑。但是你能不能够尊重一下自然环境和风土，如果连这最起码的都尊重不了，那是不是很不职业，很没有社会责任感？当你在骂房地产商，骂政府瞎指挥的时候，你又做了一些怎样令人发指的事情？一个建筑师即使生活困难，即使身处底层，也应该活出品质和胸怀。如果仅为一己的贪婪，连最起码的，哪怕刚毕业的学生都会注意的地方都做不好的话，我觉得与那些虚假的表演没有什么两样。当然我并不是说 19 个省市的援助是个错误，不是这样。的确有很多优秀的作品，但也有大量不堪入目的例子。有时候我甚至怀疑他们是不是建筑师，他们的设计很残忍，这就是我关于职业主义和职业社会责任感的一个深深的感受。

第二个，我觉得刚才谈到幸福和不幸福，也有同志说困惑不困惑，其实在十年来，二十年来，都是一个长久的话题。我个人觉得困惑也好，不困惑也罢，有理想也好，有追求也好，当你处在某一个位置、某一个立场和角度的时候，你把你当前的事情能做好，就足够了。

我们还提到一个管理的概念。我是领导两个设计院的董事长，在两个院我都干了十年，于是我想，从设计人员到管理董事，按说我应该是最懂事的。这都是些什么事呢？我现在一心想的事情是赢利，然后把我现在企业的积累，在我不想继续做下去的时候，以一种有效的方式，分配到企业的员工当中去。其实做大也好，做强也好，还是做资本积累也好，到最后还是回归到人的问题。我认为不要把金钱看成一个目的，而要把这些经济基础，看成是对知识和创新设计的尊重。在经济方面给予了一定的支持，自然而然会获得回报。

我对于我们院每年的产值，从来都是在原有基础上，允许再减少一千万。这一千万用来干什么？用来抓技术质量，或者抓学术。从全国各地，世界各地去抓他们先进的东西。这次来北京，我还特意花了些时间去看北辰那条轴线，看完之后也发现学了不少的东西。我所学到的，是他们的一些想法和做法。但这并不意味着我马上就要到新疆去照做，因为新疆各方面条件还跟不上。建筑师从根本上讲是要做房子，尤其是做好当地的房子。为谁？为社会服务。

我自己觉得应少谈自己，做一些为别人服务的事情。当然一个建筑师应该有理想和文化，有自己的一些创意，但是不能把它太形而上，一味地强调自己的设计路线。

第三个，我想我们做建筑是因为有这个需求，当建筑变得多了，相互之间就会有矛盾。当我们梳理这些矛盾的时候，就变成了城市规划。城市中会积累出各种各样我们预想不到的，或者是在过程中混沌的、非理性的矛盾。这时候大家就需要环境景观、风景园林，这些会起到润滑城市软空间，"骨头"与"骨头"之间缓冲的作用。在今后五到十年里，在城市的快速发展和大量建筑设计的过程中，用更有效的方法，来解决城市中各种因素之间的矛盾，是我们建筑师需要研究的专题。

最开始我们做建筑单体，把用地切成几大块，各做各的；之后变得好一些，讲求尊重环境以及相互之间的关系；再往后呢，城市没什么地块了，再去做城市化，开发新的城市，据说城市化最终将达到65%，我认为这是一个战略上的错误决定。而说到城市化率，我觉得今后更多的是一个城市更新的内容。作为我们西部小院，这种情况却是恰到好处，可以进入城市或者乡村的巷道，打一些巷战，然后做一些修修补补的小建筑，小东西。这样获得的收入也不少，我觉得也挺满足。

（新疆城乡规划设计研究总院董事长、总建筑师）

张宇：我们国家的城市化发展，到现在为止已经达到了51%。但这51%刚刚达到国际上的一个平均水平，真正高标准的城市化，应该可以达到85%。所以按照85%计算，假如每年是1%的增长进程，我们至少还应该还有20年以上的进步空间。也就是说，作为建筑师的职业生涯，还可以辉煌20年。

由于政府的主导，我们的国家从整个社会层面、经济层面的发展基本都是拿来主义，之后才是复制、模仿、消化、吸收。在制定大战略这个方面，社会的整体发展和咱们建筑业内发展其实是相辅相成的。建筑界也是由拿来主义开始，模仿了很多，研究了很多，才制定了发展方向、建筑设计方针。我觉得建筑界确实是融入到整个社会的进程当中的。

在经营的模式上，建筑业也是在逐步地进化。就拿北京院的发展来说吧，实际上从1979年我们就开始实行事业单位企业化管理，到了1980年，真正地实现了自给自足，自负盈亏。到了1988年的时候我们有了企业营业执照，但实际上直到今年五月，北京院才真正由事业单位改成了企业。

第二个方面我想,在建筑行业的生产模式上,可以借助BIM或者借助网络,这是一个大胆的商业运作模式的调整,可能带来一个观念的提升。这个调整基于怎么把人才作为我们主要的一个关注点,还有怎么样能够把核心力调动起来。

北京院已经经过了60年了,在之后新的60年当中,我想应该进行一些手术,或者是做一些反省。我想强调一点,那就是关注主业,只是在主业将来在产业链做一些丰满,所以实际上这也是我们改革的一点。一个企业要发展,我觉得最重要的两方面在于营销和研发,营销是多层面的,但项目营销和建筑师营销是重中之重。在营销上,我也在一直强调,有一个建筑行业整体的交流平台非常重要。所以我当时也支持金磊先生,要把这个平台搭好。比如我可能有很多项目,就可以从平台的交流中找到合适的建筑师来完成。"开放合作,创新共赢"这个营销理念值得建筑界去学习。主流建设也好,非主流建设也好,我觉得都放在一起,中国建筑业才能百花齐放。

另外再提一提近来建筑学会要做的几个事情,一个是发展和繁荣建筑文化,把文化定位,强调文化的自信,文化的自强。又谈建筑方针,讨论回归建筑经济、适用、美观的必要性。我觉得我们可以借助这个平台,用我们的思想去影响它。

所以我一直跟金磊先生强调,要把建筑传媒做得更广,不光是书的传媒,包括交流,包括文化,要让整体的气氛活跃一点,促成百花齐放的交流氛围。最后说一下教育。其实北京院也是比较早地通过企业办学的方式,和中央美术学院合作,去办一个建筑学院。一般的建筑学院都是在理工科范畴环境下,我们想通过美院,改变一下艺术回归建筑,或者是企业跟建筑更好的一个模式。再谈到现在很多有经济实力的父母,都选择送子女出国接受教育。我们确实对外国的教育界作出了很大的贡献。现在国内的很多大学,包括一流学府,都不能踏踏实实地安心办好教育,相应地,学生也不像几十年前那样,趁在校这几年认真探索。这给我很大的震动。我们的建筑学的教育还有待提高。

(全国工程勘察设计大师、北京市建筑设计研究院有限公司副董事长)

(刘晓姗根据录音整理,未经本人审阅)

生命力：评论家与设计师并肩

金 磊

记得有胆大的人说"中国当下有两大'骂点'：一个是足球，另一个则是高房价"。这两大"骂点"及它们本身都是一个让局中人、局外汉都颇为爱恨的行当。批评何为？笔者曾在 2012 年 10 月第一辑《建筑评论》编后记中写道："在坚持方针导向的基础上，确保评论主题既尊重潮流和方向，又要对行业发展有指导性及前瞻性。《建筑评论》倡导的最高境界是公正的对话，强调内敛的文风，杜绝八股的文体，也反对偏激充斥的创新。"

我在今年 11 月 30 日的《中国建设报》上撰文《推进我国建筑评论需要 < 建筑评论 > 平台》，旨在探讨并找准建筑评论的文化定位。对于"文化"这个自"十七大"六中全会就升温、"十八大"更给予格外关注的本质命题，余秋雨的新作《何谓文化》分别从学理、生命、大地、古典四个层面作出解答。如他指出"文化是一种包含精神价值和生活方式的生态共同体，它通过积累和引导，创建集体人格"。我以为这其中不仅有文人的风骨精神，更培育着为传播、策划、审题、办刊、出书的一批批不倦的思想者。可见，以天下建筑事、城市文化事为己任，不再是空话了。

本人自 2003 年 2 月萌发创办评论卷《建筑师茶座》到 2012 年 10 月起步为《建筑评论》，就从内心定下目标：希望在这纷繁的世界中，能为建筑界、文化界及社会公众提供一份清新"食粮"。因此，无论是过去还是未来，我们将不按评论界的"常规"出牌，尤其不应瞻前顾后，更拒绝左右逢源，努力做到"道"和"理"，捍卫批评家的"说话权利"。

清醒、理性、犀利、高效，就是成为众矢之的，也绝不退缩，要永远亮起"求疵"的旗帜。为此，《建筑评论》有责任培育文人的风骨。据悉，莫言获得诺贝尔文学奖后，拒绝当地政府对其旧居进行修缮，也拒绝富豪馈赠的豪宅。全面地看，2012 年，华人圈共产生三个"诺贝尔奖"：2012 年 2 月末，王澍获"建筑界诺贝尔奖"——普利兹克建筑奖；2012 年 5 月和 9 月，美籍华人刘宇昆的短篇小说《手中纸，心中爱》获幸运奖和雨果奖，这两项奖分别有科幻界的"奥斯卡奖"和"诺贝尔奖"之称；2012 年 10 月，莫言再获诺贝尔文学奖。三位获奖者的共性与中国传统文化的背景密不可分。关于建筑与文学，乃至电影的关系，本辑刊出建筑师刘建先生的评述文章，我相信这里展示的是一种文化视野、文化交叉与创意思维。谈到"建筑与文学"的关系，我难忘亲自参与的 2003 年 9 月于西子湖畔的"第二届建筑与文学研讨会"，尤其感怀"建筑与文学"研讨会的创办者杨永生那天地间的心灵释放；感怀那令人耳目一新、说文解"道"学术前辈的研究与影响力。

《建筑评论》虽刚刚问世，但它做中国学问，具世界眼光；在认识自己与时代、追求生命转换的文化符号、树立自我修炼的志业、以鲜明的"敌意"抵御世故诸方面，都表现出一种特有的、单纯的修行能力。它坚守中国建筑、文化、设计的学术新境界，其提升的学术批评话语权有多重使命，即知性、哲思与写作。在今天，传媒表达已经无所不在，网络书写、纸质书写都在不同程度地表达着被观念左右的感受与审美。这个时代，谈精神苍白和缺失的话语非常频繁，远离一个被价值侵染的世界，对于每一位建筑师及评论家来说都是难事，问题是有多少人能对我们的世界、专业职能产生警觉和自省；问题是评论家的力量不在于能唱多高的"调"，而在于有没有自由的力量和对话语权坚守且虔诚的态度。《建筑评论》坚持文人的风骨，能树立大家的胸襟气概，由此想到翻译家傅雷，他没有媚骨，唯有傲骨。傅雷没有工资，唯靠稿酬生活，如译者不出版就断了生活来源。出版社感觉到傅雷艰难处欲出版其译著，可又碍于"右派"帽子提出要他更名。傅雷严正表白："译者署什么名，本无所谓。可因我成了右派，要改我名，我不干！"就是不出书了，也绝不改名。正是因为有了如傅雷般杰出者的风骨，我们的话语权乃至世界舞台才有阳光雨露，照耀到建筑师和评论家的身上，才能闪烁着光芒的高洁风标。

《建筑评论》的反刍与审视已开始有自身特立独行的传播方式，在本辑的作品栏目，读者可领略到熟悉的大师作品：贝聿铭与香山饭店。北京香山饭店自 1982 年建成至今已整整 30 年，作品今评价正当其时。如果说细节是每位设计师作品的灵魂，那么大师的创作也有被放大的可能，我们可以说大师的设计足迹也难免有过失之处，不过大师的过失并非其本意，我们要努力找到令大师迷惑的"根"。如果说，权力能"放大"大师的失当之处，如果说人的名气可放大整个世界，那我们的"作品"栏目刊出的写作于 30 年前、发表于 30 年前的一组文章，可完全体现出不同的精神及态度。贝聿铭大师有他的惊人之处，但问题是我们当年为什么为他营造了在今人看来有缺点的选址环境氛围，这种作品失当是整体的错误。由大师作品的评介，我又想到 2012 年在巴黎先贤祠举办的瑞士大思想家卢梭华诞 300 周年举办的"卢梭与艺术展览"。据悉，先贤祠展览厅内陈列了卢梭大量原版著作，其中最引人注目的当属早年在瑞士纳沙泰尔出版的《卢梭文集》，封面特别注明"日内瓦的卢梭"，因为他自己始终认定自己是"日内瓦公民"。1794 年 4 月 15 日法国大革命时期"国民公会"决定，将卢梭的遗骸从艾赫莫农维尔迁来先贤祠，表达了卢梭曾是 1789 年法国大革命的先行者之一。由于卢梭一生最珍爱的座右铭是"回归自然"，所以先贤祠的展览系统追溯他回归自然的理想旅程。我想，卢梭已终抵仙界，与人类众先贤聚会，但是他的思想仍然是探求人类社会变革的重要精神遗产，尤其是他畅言的"回归自然"和"人民主权"，虽在当今世界远未实现，但它们确成为人类的目标值。毛泽东曾指出"中国应当对人类有较大贡献"。我认为，这不仅是物质层面上的，更应当是文化和精神上的，没有文化的强盛，一个国家、一个民族乃至一个"专业行当"都难屹立住。"筚路蓝缕，以启山村"，这要求中国的知识分子要在专业中自强自信，还要有为中国学术话语权努力的公共精神，尤其要用可对话的方式展开有鲜活生命力的"交流"式评论。

《建筑评论》追求的批评方式是"知、情、意"合一的活动，批评不是裁决，更非断言，它包含着严肃、公正、客观诉求的升华，与经历体悟、创作素养、学术背景、涉及伦理与责任相关联。批评的意义并不寄生于创作，它一定与建筑师、设计者并肩，尽管有时批评的话语犀利俏皮，可绝不该是置身事外的"风凉之意"。评论的权利从何而来？它一定是建立在评论者与建筑师理解与沟通的基础上的，只有将他者、他人的思考与创作化为自己思想的一部分，你才拥有了批评表达的权利，真正有益于社会、有益于建筑进步、有益于文化生态成长的自我检视和憧憬。特别是要让更多的设计师及公众感到，评论的美好体验正体现和实践着创作中的纯粹。此外，也要让社会及业界理解，评论绝对是热忱而真挚的，来自《建筑评论》之声不仅独特，也有情感；不仅有思想，更有温度；不仅是文化符号，更是可信赖的专业正能量。2012 年 10 月，《建筑评论》刚起步，但它有希望能在不息的耕耘中，引领潮流，重要的是它的存在一定独立而深刻，绝不肤浅而夸饰。

《中国建筑文化遗产》总编辑

《建筑评论》主编

2012 年 12 月